诸暨东白山省级自然保护区木本植物资源

陈高坤　胡建良　詹咪莎　杨立升　编著

中国林业出版社
China Forestry Publishing House

图书在版编目（CIP）数据

诸暨东白山省级自然保护区木本植物资源 ／ 陈高坤等主编．
—— 北京 ： 中国林业出版社，2023.6
ISBN 978-7-5219-2291-2

Ⅰ．①诸⋯ Ⅱ．①陈⋯ Ⅲ．①山－自然保护区－木本植物－诸暨 Ⅳ．①Q948.525.54

中国国家版本馆CIP数据核字(2023)第148899号

责 任 编 辑：李春艳
版 式 设 计：黄树清

出版发行：中国林业出版社
　　　　　（100009，北京市西城区刘海胡同7号，电话：010-83143579)
电子邮箱：cfphzbs@163.com
网　　址：www.forestry.gov.cn/lycb.html
印　　刷：北京博海升彩色印刷有限公司
版　　次：2023 年 6 月第 1 版
印　　次：2023 年 6 月第 1 次
开　　本：787 mm × 1092 mm 1/16
印　　张：10.5
字　　数：210 千字
定　　价：88.00 元

作者简介

陈高坤

1966 年 5 月—
男，汉族
浙江诸暨人

1988 年毕业于浙江林学院园林系，2009 年获北京林业大学硕士学位。现任浙江省诸暨市园林管理中心高级工程师、浙江农林大学暨阳学院外聘教授、浙江省植物学会会员。先后主持完成了"城市广场绿化景观设计""03 省道东复线诸暨江藻至王家井段工程项目绿化景观设计""诸暨市浦阳江城区段水环境整治及生态化改造工程设计"等几十个设计项目。致力于园林植物引种、分类及植物景观设计等方面的研究，编著出版了《浙江野生色叶树 200 种精选图谱》《浙江滨江植物 300 种图谱》《诸暨市园林植物名录与 200 种图谱》。

胡建良

1969 年—
男，汉族
浙江诸暨人

大学文化，中共党员。2014—2016 年任诸暨市林业局党组成员、副局长，分管森林防火工作。2016—2019 年任诸暨市农林局党委委员、副局长，分管农林产业工作。2019 至今任诸暨市自然资源和规划局（林业局）党委委员、副局长，分管林业工作。

詹咪莎

1989 年 1 月—
女，汉族
浙江诸暨人

2012 年毕业于浙江农林大学园林本科专业，同年复进该校攻读风景园林学硕士学位，研究方向为风景园林规划设计。毕业后在浙江农林大学暨阳学院任教，主讲课程有"园林设计初步""园林规划设计""园林工程"。主持植物景观设计类项目十余项。参与编著出版《浙江滨江植物 300 种图谱》《诸暨市园林植物名录与 200 种图谱》。

杨立升

1975 年—
男，汉族
浙江诸暨人

大学文化，中共党员，1995 年参加工作。2010—2019 年在诸暨市规划局、诸暨市建设局等单位工作。2020—2023 年任诸暨市自然资源和规划局—诸暨东白山省级自然保护区负责人、保护区管理站站长。2020 年组织实施《诸暨东白山自然保护区总体规划》编制，2020—2021 年组织完成诸暨东白山自然保护区木本植物资源分类调查，2021—2022 年组织完成诸暨东白山自然保护区综合科学考察。

前　言

　　诸暨东白山省级自然保护区位于浙江省诸暨市与嵊州市、东阳市三市的交界处，地处仙霞岭山系会稽山脉南端，总面积 5071.5 hm²，其中核心区面积 1290.1 hm²，缓冲区面积 279.1 hm²，特别功能区面积 2995.5 hm²，实验区面积 506.0 hm²，是浙江省第一个以经济树种（香榧）种质资源为主要保护对象的省级自然保护区，也是诸暨市重要的饮用水源地和生态屏障。

　　东白山属中北亚热带季风气候过渡带，四季分明，雨量充沛，气候比较湿润。由于地形复杂，垂直高差大，易在山地空间形成丰富多样的小气候，春夏秋三季温度适宜，有利于植物生长。东白山水资源丰富，主要存在形式为自然山溪河流和人工水库，山溪河流水源靠天然降水、地下水和融雪水补给，具有坡度陡、浑浊度随季节变化的特点，其水量的时空分布与降水量的时空分布大体一致，季节变化明显。东白山植被类型丰富，有落叶阔叶林、针阔混交林、针叶林（温性针叶林、暖性针叶林）、毛竹林、经济林（茶林、香榧林）、灌丛、草丛、沼泽等类型。

　　本书分为两个部分。第一部分为总论，详细介绍了诸暨东白山省级自然保护区的概况（包括资源状况和功能区划）以及木本植物资源情况（包括区系分析和资源树种）；第二部分为各论，按照观花植物、观果植物、观叶植物三大类别共选取了 224 种观赏植物，图文并茂地介绍了各种植物的形态特征、分布与生境以及应用价值等内容。附录为东白山木本植物名录，调查发现诸暨东白山省级自然保护区共有木本植物 85 科 259 属 624 种（含种下等级和栽培品种：10 亚种，53 变种，5 品种群，20 品种），其中裸子植物 8 科 17 属 30 种，被子植物 77 科 242 属 594 种。本书中裸子植物排序依据郑万钧（1978）分类系统，被子植物科排序依据恩格勒（1964）分类系统，属及种按照学名字母排序。

本书作者一直从事诸暨市园林绿化以及林业技术推广工作，在长期的工作实践中，深感野生植物资源的挖掘与应用对于诸暨市生态环境维护和改善至关重要。诸暨东白山自然保护区是以经济树种的种质资源保护为主，兼顾森林生态系统修复与保护，集保护、教育、科研、旅游、宣传和可持续利用等功能于一体的省级自然保护区。本书的编著是基于诸暨东白山省级自然保护区木本植物资源调查基础之上，通过木本资源分类调查，统计其数量和种类组成，依据相关的资料和标准进行分类总结，以进一步丰富诸暨东白山省级自然保护区及浙江省的植物区系资料，促进该区域经济发展、城市形象提升、地区生态环境改善，以及为有效持续利用该地植物资源，为自然保护区和城市绿地建设提供有价值的依据。

　　诸暨东白山省级自然保护区木本植物资源调查工作是在浙江农林大学暨阳学院李根有教授的带领下完成的，参与调查工作的还有马丹丹、王钧杰、李雪芹、管理、张鼎炜、蒋凯薇等。另外，浙江省森林资源监测中心专家陈征海、陈林，金华市医药有限公司中医药专家林巍歧、何山民、胡瑛瑛等也参与部分调查工作并给予相应帮助。本书的编写得到了诸暨市自然资源和规划局、诸暨市园林管理中心和浙江农林大学暨阳学院的大力支持，谨向所有领导、专家、教授和调查组全体成员致以最诚挚的谢意。

　　本书内容虽经反复斟酌修改，但囿于编著者水平有限，书中难免有错误和不当之处，恳请广大读者朋友批评指正。

编著者

2023 年 3 月 15 日

目录

总　论

1 诸暨东白山省级自然保护区概况

诸暨东白山省级自然保护区位于浙江省诸暨市与嵊州市、东阳市三市的交界处，地处仙霞岭山系会稽山脉南端，总面积 5071.5 hm²，其中核心区面积 1290.1 hm²，缓冲区面积 279.1 hm²，特别功能区面积 2995.5 hm²，实验区面积 506.0 hm²，是浙江省第一个以经济树种（香榧）种质资源为主要保护对象的省级自然保护区，也是诸暨市重要的饮用水源地和生态屏障。保护区于 2003 年经浙江省人民政府批准建立。

诸暨东白山省级自然保护区内森林生态系统类型多样，森林资源丰富，自然风景优美，具有生物多样性、稀有性、森林生态系统结构复杂性以及保护功能综合性的特点。区内珍稀濒危植物和其他野生物种丰富，有国家一级保护野生植物南方红豆杉，国家二级保护野生植物榧树、浙江七子花、榉树等。

1.1 资源状况

1.1.1 森林资源

诸暨东白山省级自然保护区林业用地 4446.4 hm²，占总面积的 87.7%，其中有林地 3886.5 hm²，疏林 45.0 hm²，无林地 514.9 hm²；非林业用地 625.1 hm²，占 12.3%。立木蓄积量 37 100 m³，毛竹 17 509 百支，全区森林覆盖率为 76.6%。

1.1.2 植物资源

诸暨东白山省级自然保护区是南北植物汇流之区，地形复杂，气候优越，植物种类丰富，区系较为复杂，具有亚热带与暖温带成分相互渗透的特点。自然保护区创建时植物调查记录有维管植物共计 179 科 749 属 1530 种（包括 103 变种、11 亚种、13 变型、6 品种）。其中蕨类植物有 31 科 66 属 151 种，裸子植物有 7 科 15 属 25 种，被子植物有 141 科 668 属 1354 种。在 1530 种植物中，木本植物有 584 种，占 38.2%；草本植物 946 种，占 61.8%。植物资源在科、属、种上与全省资源相比，分别占浙江省植物科的 77.5%，属的 54.8%，种的 39.5%。

1.1.3 动物资源

诸暨东白山省级自然保护区优良的森林生态环境，为野生动物的栖息、繁衍提供了良好的条件。据保护区创建时调查记录，区内共有陆生野生脊椎动物 253 种，隶属 4 纲 17 目，其中两栖纲 22 种，爬行纲 50 种，鸟纲 122 种，哺乳纲 59 种；国家一级保护动物有 5 种，国家二级保护动物 25 种。

1.2 功能区划

1.2.1 核心保护区

核心保护区由核心区和缓冲区组成。核心区是保护区的重点保护区域，实行绝对保护，严禁任何形式的采伐、狩猎、旅游等活动，仅供观察、研究和资源监测，任何人未经批准，均不得入内，以保持其生态系统尽量不受人为干扰，让其在自然状态下进行更新和繁衍。

核心区也是保护区的精华所在，包括除廖宅村保护站区域的金家坞，从海拔 502 m 处至廖宅村龙门顶沿山溪两侧各 20 m、廖宅村龙门顶现茶园范围、廖宅村龙门顶至太白尖道路及路两侧各 2 m 区域划为实验区外的区域范围，是以保护珍稀、濒危动植物为目的设置的。核心区面积为 1290.9 hm^2，占总面积的 25.5%。

缓冲区是自然性景观向人为影响下的自然景观过渡的区域。为了更好地保护核心区不受外界的冲击，在核心区周围划出 200~800 m 的范围作为缓冲区，对自然环境与自然资源的保护起到缓冲作用。

由于本保护区东南面以东阳、嵊州行政区划界线为界，行政区划界线都走山脊线，且这些山脊线都在海拔 900 m 以上，是较好的自然隔离带，人为活动极为稀少。因此，已经对核心区起到缓冲作用，这些部位不设缓冲。缓冲区面积为 279.1 hm^2，占总面积的 5.5%。

1.2.2 一般控制区

一般控制区由特别功能区和实验区组成。

根据《东白山保护区香榧古树名木和种质资源保护办法》和《东白山保护区东白湖水源涵养区管理办法》，将香榧种质资源分布区、东白湖周围水源涵养林及库面和淹没区，划为特别功能区。特别功能区分为两块，一是以保护香榧种质资源为目的的特别功能区，在里四村八石畈和里四村坑口周围香榧集中分布区域；二是东白湖周围水源涵养林及库面和淹没区，以保护森林生态系统自然修复和东白湖水库水资源为目的。特别功能区面积为 2995.5 hm^2，占总面积的 59.0%。

除特别功能区、核心区和缓冲区外，其他地域均为实验区，主要是天然的次生林、马尾松等人工林和经济林。实验区可开展科学合理的经营利用，种植特用经济林，并在划定范围内建立教学学习区。实验区面积为 506.0 hm^2，占总面积的 10.0%。

2 诸暨东白山省级自然保护区木本植物资源情况

2.1 区系分析

2.1.1 区系组成

调查发现，诸暨东白山省级自然保护区共有木本植物 85 科 259 属 624 种（含种下等级和栽培品种：10 亚种，53 变种，5 品种群，20 品种），种数约占浙江省木本植物数量的44.6%（浙江省木本植物总数参考《浙江省常见树种彩色图鉴》一书）。其中裸子植物 8 科17 属 30 种，被子植物 77 科 242 属 594 种。

剔除栽培种类后，诸暨东白山省级自然保护区范围内共有野生木本植物 68 科 204 属464 种（含种下等级：10 亚种，43 变种）；其中裸子植物 4 科 5 属 7 种，被子植物 64 科199 属 457 种（包括双子叶木本植物 62 科 191 属 428 种，单子叶木本植物 2 科 8 属 29 种），见表 1-1。

表 1-1 诸暨东白山省级自然保护区野生木本植物科属组成

分类群		科数	占比（%）	属数	占比（%）	种数	占比（%）
裸子植物		4	5.88	5	2.45	7	1.51
被子植物	双子叶植物	62	91.18	191	93.63	428	92.24
	单子叶植物	2	2.94	8	3.92	29	6.25
	小计	64	94.12	199	97.55	457	98.49
总计		68	100	204	100	464	100

按照各科包含的物种数对诸暨东白山省级自然保护区的 68 科野生木本植物进行分级归类，结果表明（表 1-2），单种科有 12 科，占所有科数的 17.65%，其包含的属、种数分别占 5.89% 和 2.59%；含 2~10 个物种的少种科数目最多，有 45 科，占所有科数的66.18%，物种数则占 50.21%；物种数 11~20 种的小型科有 9 个，其种数占 28.02%；物种数 21~50 种的中型科仅 1 个，为豆科 Leguminosae，有 15 属 31 种；物种数大于 50 的大型科也仅 1 个，为蔷薇科 Rosaceae，有 15 属 58 种。物种数排名前五的科除蔷薇科和豆科外还有禾本科 Gramineae 6 属 20 种，樟科 Lauraceae 6 属 18 种和忍冬科 Caprifoliaceae 5 属 16 种。

表 1-2 诸暨东白山省级自然保护区野生木本植物科级物种数统计

级别	科数	占比（%）	科内种数	占比（%）
单种科（1 种）	12	17.65	12	2.59
少种科（2~10 种）	45	66.18	233	50.21
小型科（11~20 种）	9	13.24	130	28.02
中型科（21~50 种）	1	1.47	31	6.68
大型科（>50 种）	1	1.47	58	12.50
总计	68	100.00	464	100.00

按照各属包含的物种数对保护区的 204 属野生木本植物进行分级归类，结果表明（表 1~3），单种属的数量最多，有 109 属，占所有属数的半数以上（53.43%），其包含的物种数则占 23.49%；物种数为 2~5 种的小型属有 79 属，包含的物种占属内总种数的近一半，为 46.98%；物种数为 6~10 种的中型属有 14 属，包含的物种数占 23.49%；物种数大于 10 种的仅 2 属，包含的物种数占 6.04%。包含物种数最多的 5 个属分别为悬钩子属 Rubus（16 种）、刚竹属 Phyllostachys（12 种）、铁线莲属 Clematis（9 种）、槭属 Acer（9 种）、猕猴桃属 Actinidia（8 种）。

表 1-3　诸暨东白山省级自然保护区野生木本植物属级物种数统计

级别	属数	占比（%）	属内种数	占比（%）
单种属（1 种）	109	53.43	109	23.49
小型属（2~5 种）	79	38.73	218	46.98
中型属（6~10 种）	14	6.86	109	23.49
大型属（>10 种）	2	0.98	28	6.04
总计	204	100	464	100

2.1.2 区系特征

1）起源较古老，孑遗植物较多

诸暨东白山省级自然保护区野生木本植物中，有部分起源古老和孑遗种类。保护区内所有野生裸子植物均起源于晚石炭纪或第三纪，包括马尾松 Pinus massoniana、黄山松 Pinus taiwanensis、刺柏 Juniperus formosana、三尖杉 Cephalotaxus fortunei、粗榧 Cephalotaxus sinensis、南方红豆杉 Taxus chinensis var. mairei 和榧树 Torreya grandis；被子植物中起源于晚石炭纪或第三纪的有樟科的香樟 Cinnamomum camphora，浙江樟 Cinnamomum chekiangense，以及木通科的鹰爪枫 Holboellia coriacea、大血藤 Sargentodoxa cuneata 等，其他原始类群还有木兰科的玉兰 Magnolia denudate，五味子科的南五味子 Kadsura longipedunculata 和披针叶茴香 Illicium lanceolatum，毛茛科的扬子铁线莲 Clematis puberula，小檗科的天台小檗 Berberis lempergiana，防己科的秤钩风 Piploclisia affinis 等。总体而言，诸暨东白山省级自然保护区中保存了一定数量的古老和孑遗木本植物。

2）区系类型多样，地理成分复杂

根据吴征镒先生《中国种子植物属的分布区类型》一文的划分，对诸暨东白山省级自然保护区野生木本植物 204 属进行了统计分析，结果表明保护区内共有 14 种分布区类型，在中国种子植物属的 15 种分布区类型中，仅缺一种即中亚分布型，因此，诸暨东白山植物区系的地理成分具有较高的多样性。排除世界分布和中国分布类型后，对余下的 12 种分布类型进行统计分析表明，温带成分的木本植物属共有 113 个，占比 55.39%，热带成分属有 81 个，占比 39.71%，这表明诸暨东白山的植物区系以温带成分稍占优势。与浙江

省木本植物区系的分布类型比较分析发现，诸暨东白山木本植物区系中温带成分较多，热带成分较少；温带成分中，所有类型的占比都较全省高，如北温带成分诸暨东白山占比17.16%，明显较全省的12.06%高，而热带成分则几乎所有类型都较全省低，这可能与保护区所处地理位置偏北有关。

（1）世界分布型分析

在诸暨东白山省级自然保护区野生木本植物区系中，属于世界分布型的共有4属，占所有属数的1.96%，分别为茄属 Solanum、鼠李属 Rhamnus、铁线莲属 Clematis、悬钩子属 Rubus。这四个属在诸暨东白山地区都较为常见，尤其是悬钩子属和铁线莲属，区内几乎随处可见。总体而言，诸暨东白山省级自然保护区木本植物区系中世界分布型占比少，这和浙江省总体的情况相似（表 1-4）。

（2）热带成分分布型分析

分析结果表明，在各热带成分分布型中，泛热带分布型属数明显占优势，共有36属，占热带成分的44.44%，代表属有安息香属 Styrax、冬青属 Ilex、花椒属 Zanthoxylum、牡荆属 Vitex、木蓝属 Indigofera、油麻藤属 Mucuna、榕属 Ficus、山矾属 Symplocos、柿属 Diospyros、素馨属 Jasminum、栀子属 Gardenia、苎麻属 Boehmeria、南蛇藤属 Celastrus、朴属 Celtis、算盘子属 Glochidion、叶下珠属 Phyllanthus、菝葜属 Smilax 等。

其次为热带亚洲分布型，有18属，占热带成分分布型的22.22%，代表属有流苏子属 Coptosapelta、秤钩风属 Diploclisia、赤杨叶属 Alniphyllum、葛属 Pueraria、构属 Broussonetia、虎皮楠属 Daphniphyllum、鸡屎藤属 Paederia、木荷属 Schima、青冈属 Cyclobalanopsis、清风藤属 Sabia、山茶属 Camellia、山胡椒属 Lindera、新木姜子属 Neolitsea、润楠属 Machilus、紫麻属 Oreocnide、肖菝葜属 Heterosmilax 等。

其他热带分布型中，旧世界热带分布型共有11属，占所有热带成分分布型的13.58%，为八角枫属 Alangium、扁担杆属 Grewia、杜茎山属 Maesa、海桐属 Pittosporum、合欢属 Albizia、厚壳树属 Ehretia、蒲桃属 Syzygium、娃儿藤属 Tylophora、吴茱萸属 Tetradium、野桐属 Mallotus、一叶萩属 Flueggea。热带亚洲和热带美洲间断分布型有7属，占热带成分分布型的8.64%，有假卫矛属 Microtropis、苦木属 Picrasma、柃属 Eurya、木姜子属 Litsea、楠属 Phoebe、泡花树属 Meliosma、雀梅藤属 Sageretia。热带亚洲至热带大洋洲分布型有6属，占热带成分分布型的7.41%，有臭椿属 Ailanthus、荛花属 Wikstroemia、香椿属 Toona、樟属 Cinnamomum、柘属 Maclura、紫薇属 Lagerstroemia。热带亚洲至热带非洲分类型有3属，占热带成分分布类型的3.70%，分别为常春藤属 Hedera、豆腐柴属 Premna、水团花属 Adina。

在热带成分分布型中，木荷属、柃属、樟属、润楠属、青冈属、冬青属等属树种是构成东白山区域植被的主要成员。

表 1-4 诸暨东白山省级自然保护区木本植物分布型分析及与全省比较

序号	分布型	东白山属数	占比（%）	浙江属数	占比（%）
1	世界分布	4	1.96	7	1.65
2	泛热带分布	36	17.65	76	17.97
3	旧世界热带分布	11	5.39	27	6.38
4	热带亚洲分布	18	8.82	53	12.53
5	热带亚洲和热带美洲间断分布	7	3.43	13	3.07
6	热带亚洲至热带大洋洲分布	6	2.94	15	3.55
7	热带亚洲至热带非洲分布	3	1.47	11	2.60
	热带成分分布小计	81	39.71	195	46.10
8	北温带分布	35	17.16	51	12.06
9	东亚和北美洲间断分布	29	14.21	49	11.59
10	旧世界温带分布	7	3.43	11	2.60
11	温带亚洲分布	2	0.98	3	0.71
12	地中海、西亚至中亚分布	1	0.49	2	0.47
13	东亚分布	39	19.12	77	18.20
	温带成分分布小计	113	55.39	193	45.63
14	中国特有分布	6	2.94	28	6.62
	总计	204	100	423	100

（3）温带成分分布型分析

在各温带成分分布型中，北温带分布（35 属）、东亚和北美洲间断分布（29 属）和东亚分布（39 属）三种类型占绝对优势地位，合计有 103 属，占所有温带成分分布型的 91.15%，余下的旧世界温带分布、温带亚洲分布和地中海、西亚至中亚分布合计 10 属，占温带成分分布型的 8.85%。

温带成分分布型中木本植物属数最多的为东亚分布型，有 39 属，占温带成分分布型的 34.51%，典型的属有三尖杉属 Cephalotaxus、枫杨属 Pterocarya、吊石苣苔属 Lysionotus、冠盖藤属 Pileostegia、山桐子属 Idesia、化香树属 Platycarya、檵木属 Loropetalum、蜡瓣花属 Corylopsis、旌节花属 Stachyurus、雷公藤属 Tripterygium、猕猴桃属 Actinidia、南天竹属 Nandina、泡桐属 Paulownia、蓬莱葛属 Gardneria、青荚叶属 Helwingia、棣棠属 Kerria、石斑木属 Rhaphiolepis、四照花属 Dendrobenthamia、溲疏属 Deutzia、五加属 Eleutherococcus、小槐花属 Ohwia、木通属 Akebia、野木瓜属 Stauntonia、野鸦椿属 Euscaphis、枳椇属 Hovenia、苦竹属 Pleioblastus、刚竹属 Phyllostachys 等。

北温带分布型有 35 属，占温带成分分布型的比 30.97%，代表属有刺柏属 Juniperus、松属 Pinus、红豆杉属 Taxus、柳属 Salix、杨梅属 Myrica、鹅耳枥属 Carpinus、榛属

Corylus、栗属 Castanea、栎属 Quercus、榆属 Ulmus、桑属 Morus、小檗属 Berberis、山梅花属 Philadelphus、樱属 Cerasus、苹果属 Malus、李属 Prunus、蔷薇属 Rosa、盐肤木属 Rhus、槭属 Acer、葡萄属 Vitis、椴属 Tilia、胡颓子属 Elaeagnus、杜鹃花属 Rhododendron、白蜡树属 Fraxinus、忍冬属 Lonicera、荚蒾属 Viburnum 等。

东亚和北美洲间断分布型有 29 属，占温带成分分布型的 25.66%，代表属有榧树属 Torreya、栲属 Castanopsis、石栎属 Lithocarpus、八角属 Illicium、木兰属 Magnolia、五味子属 Schisandra、檫木属 Sassafras、绣球属 Hydrangea、金缕梅属 Hamamelis、枫香树属 Liquidambar、石楠属 Photinia、香槐属 Cladrastis、胡枝子属 Lespedeza、紫藤属 Wisteria、漆树属 Toxicodendron、勾儿茶属 Berchemia、蛇葡萄属 Ampelopsis、牛果藤属 Nekemias、爬山虎属 Parthenocissus、蓝果树属 Nyssa、楤木属 Aralia、灯台树属 Bothrocaryum、流苏树属 Chionanthus、木犀属 Osmanthus、络石属 Trachelospermum 等。

其他温带成分分布型中，旧世界温带分布型有 7 属，占温带成分的 6.19%，分别为榉属 Zelkova、梨属 Pyrus、连翘属 Forsythia、马甲子属 Paliurus、女贞属 Ligustrum、瑞香属 Daphne、桃属 Amygdalus；温带亚洲分布型有 2 属，占温带成分分布型的 1.77%，为白鹃梅属 Exochorda 和莸子梢属 Campylotropis；地中海、西亚至中亚分布型仅 1 属，占温带成分分布型的 0.88%，为黄连木属 Pistacia。

温带成分分布型中，鹅耳枥属、榆属、栎属、栲属、石栎属、枫香树属、檫木属、石楠属、蔷薇属、漆树属、盐肤木属、四照花属、槭属、杜鹃花属、越橘属等是构成诸暨东白山区域森林植被的主要成员。

（4）中国特有分布型分析

诸暨东白山省级自然保护区中中国特有分布型的野生木本植物共有 6 属，占总属数的 2.94%，分别为大血藤属 Sargentodoxa、牛鼻栓属 Fortunearia、七子花属 Heptacodium、青钱柳属 Cyclocarya、山拐枣属 Poliothyrsis、香果树属 Emmenopterys。这些属中有不少物种属于国家重点保护野生植物。

3）特有植物和珍稀植物较多

（1）特有植物

在诸暨东白山省级自然保护区分布的 464 种野生木本植物中，中国特有种共有 219 种，约占全部种类的 47.20%，典型种类有三尖杉 Cephalotaxus fortunei、南方红豆杉 Taxus chinensis var. mairei、榧树 Torreya grandis、青钱柳 Cyclocarya paliurus、亮叶水青冈 Fagus lucida、榉树 Zelkova schneideriana、宁波溲疏 Deutzia ningpoensis、武夷悬钩子

Rubus、jiangxiensis、铜钱树 **Paliurus hemsleyanus**、中国旌节花 **Stachyurus chinensis**、浙江七子花 **Heptacodium miconioides subsp. Jasminoides**、紫花络石 **Trachelospermum axillare**、香果树 **Emmenopterys henryi** 等。其中浙江特有种有 4 种，分别为天台小檗 **Berberis lempergiana**、天台溲疏 **Deutzia faberi**、沼生矮樱 **Cerasus jingningensis**、磐安樱 **Cerasus pananensis**。

（2）重点保护野生植物

根据国家重点保护野生植物名录（2021 年 8 月 7 日公布），调查发现保护区内国家一级重点保护野生植物有 1 种，为南方红豆杉，在区内零星分布；二级重点保护野生植物有 6 种，分别为榧树（区内零星散生）、榉树（区内稀见，见于香榧南园等地）、中华猕猴桃（区内较常见）、软枣猕猴桃（区内偶见）、香果树（区内有 5 个分布点，数量较少）、浙江七子花（区内极为常见）。

经调查发现保护区内浙江省级重点保护野生植物共 3 种，分别为膀胱果 **Staphylea holocarpa**（见于黄金浪下方山沟路边，仅见 1 株）、杨桐 **Cleyera japonica**（区内零星散生）和倒卵叶瑞香 **Daphne grueningiana**（本次仅发现 2 株，分别见于南园尖和东白山山顶至尼姑寺路边林下）。

（3）其他稀有或值得关注的植物

具体指有重要用途、浙江特有、区内稀有、分布北界等种类，如金缕梅 **Hamamelis mollis**、云锦杜鹃 **Rhododendron fortunei**、天台小檗 **Berberis lempergiana**、羽叶牛果藤 **Nekemias cantoniensis** 等。

4）引入栽培种数量多

诸暨东白山省级自然保护区内共有栽培木本植物 160 种，约占所有木本植物的 25.64%，其中，香榧 **Torreya grandis 'Merrillii'** 和茶 **Camellia sinensis** 为该地区重要的经济作物，银杏 **Ginkgo biloba**、金钱松 **Pseudolarix amabilis**、柳杉 **Cryptomeria japonica**、杉木 **Cunninghamia lanceolata**、水杉 **Metasequoia glyptostroboides**、池杉 **Taxodium ascendens**、落羽杉 **Taxodium distichum**、日本扁柏 **Chamaecyparis obtusa**、柏木 **Cupressus funebris**、罗汉松 **Podocarpus macrophyllus** 等裸子植物在该区域广泛种植，且生长状况良好。此外，在东白湖周边地区还引种有大片的河桦 **Betula nigra**、弗吉尼亚栎 **Quercus virginiana**、北美枫香树 **Liquidambar styraciflua**、水紫树 **Nyssa aquatica**、洋白蜡 **Fraxinus pennsylvanica** 等北美区系物种，这些种类在浙江其他地区较少栽种。

2.2 资源树种

诸暨东白山省级自然保护区木本植物种类丰富，特色明显，鉴于调查结果，筛选出在现代农业、林业及园林建设和在大众生活中具有较高观赏价值和科普价值的树种，分别为食用资源树种、药用树种和观赏树种。其中食用资源树种分为野菜和野果两部分，野菜 36 种、野果 80 种，分别占东白山野生树种总种数的 7.8%、17.2%；药用树种 276 种，占总种数的 59.5%；观赏树种分为乔木、灌木、藤本，共 455 种，占总种数的 98.1%，其中乔木 177 种、灌木 180 种、藤本 98 种，分别占总种数的 38.1%、38.8%、21.1%（表 1-5）。

表 1-5 诸暨东白山省级自然保护区木本植物资源树种分析

资源类型	分类	数量（种）	占比（%）
食用资源树种	野菜类	36	7.8
	野果类	80	17.2
药用树种		276	59.5
观赏树种	乔木	177	38.1
	灌木	180	38.8
	藤本	98	21.1
珍稀树种	国家一级	1	0.22
	国家二级	6	1.29
	省级	3	0.65
	其他	16	3.4
古树名木	一级	1	0.22
	二级	4	0.86
	三级	14	3.02

保护区内国家一级重点保护野生植物有 1 种，为南方红豆杉 Taxus chinensis var. mairei；二级重点保护植物有 6 种，分别为榧树 Torreya grandis、榉树 Zelkova schneideriana、中华猕猴桃 Actinidia chinensis、软枣猕猴桃 Actinidia arguta、香果树 Emmenopterys henryi、浙江七子花 Heptacodium miconioides subsp. Jasminoides；浙江省级重点保护野生植物共 3 种，分别为膀胱果 Staphylea holocarpa、杨桐 Cleyera japonica 和倒卵叶瑞香 Daphne grueningiana；其他具有重要用途、浙江特有、区内稀有、分布北界等种类：如金缕梅 Hamamelis mollis、云锦杜鹃 Rhododendron fortunei、天台小檗 Berberis lempergiana、羽叶牛果藤等 Nekemias chaffanjonii（表 1-6）。

表 1-6 诸暨东白山省级自然保护区珍稀植物资源分析

级别		种名	学名	科名	属名
国家级	一级	南方红豆杉	**Taxus chinensis** var. **mairei**	红豆杉科	红豆杉属
	二级	榧树	**Torreya grandis**	红豆杉科	榧树属
		榉树	**Zelkova schneideriana**	榆科	榉属
		中华猕猴桃	**Actinidia chinensis**	猕猴桃科	猕猴桃属
		软枣猕猴桃	**Actinidia arguta**	猕猴桃科	猕猴桃属
		香果树	**Emmenopterys henryi**	茜草科	香果树属
		浙江七子花	**Heptacodium miconioides** subsp. **jasminoides**	忍冬科	七子花属
省级		膀胱果	**Staphylea holocarpa**	省沽油科	省沽油属
		杨桐	**Cleyera japonica**	山茶科	杨桐属
		倒卵叶瑞香	**Daphne grueningiana**	瑞香科	瑞香属
其他		金缕梅	**Hamamelis mollis**	金缕梅科	金缕梅属
		牛鼻栓	**Fortunearia sinensis**	金缕梅科	牛鼻栓属
		云锦杜鹃	**Rhododendron fortunei**	杜鹃花科	杜鹃属
		天台小檗	**Berberis lempergiana**	小檗科	小檗属
		羽叶牛果藤	**Nekemias chaffanjonii**	葡萄科	蛇葡萄属
		浙皖绣球	**Hydrangea zhewanensis**	虎耳草科	绣球属
		青钱柳	**Cyclocarya paliurus**	胡桃科	青钱柳属
		亮叶水青冈	**Fagus lucida**	壳斗科	青冈属
		柯氏梨	**Pyrus koehnei**	蔷薇科	梨属
		浙江樟	**Cinnamomum chekiangense**	樟科	樟属
		细叶香桂	**Cinnamomum subavenium**	樟科	樟属
		铜钱树	**Paliurus hemsleyanus**	鼠李科	马甲子属
		天目紫茎	**Stewartia gemmata**	山茶科	紫茎属
		落叶女贞	**Ligustrum lucidum** f. **latifolium**	木犀科	女贞属
		紫花络石	**Trachelospermum axillare**	夹竹桃科	络石属
		壮大聚花荚蒾	**Viburnum glomeratum** subsp. **magnificum**	忍冬科	荚蒾属

　　根据《浙江省古树名木保护办法》第三条规定，古树是指经依法认定的树龄 100 年以上的树木，名木是指经依法认定的稀有、珍贵树木和具有历史价值、重要纪念意义的树木。根据 2018 年古树名木群资源普查数据，结合本次调查，诸暨东白山省级自然保护区范围内共有古树 10754 株（表 1-7），其中东白山村 40 株、里四村 9611 株、廖宅村 11 株、西丁村1092 株；按树种分榧树 22 株、香榧 10661 株、枫香 16 株、化香树 21 株、黄连木 10 株、黄檀 1 株、苦槠 2 株、马尾松 10 株、木荷 3 株、青冈栎 2 株、榉树 1 株、枫杨 1 株、珊瑚朴 3 株、满山红 1 株。

表 1-7 诸暨东白山省级自然保护区古树名木资源分析

种名	学名	一级	二级	三级	合计
榧树	**Torreya grandis**	1	5	16	22
枫香	**Liquidambar formosana**		4	12	16
枫杨	**Pterocarya stenoptera**			1	1
化香树	**Platycarya strobilacea**			21	21
黄连木	**Pistacia chinensis**			10	10
黄檀	**Dalbergia hupeana**			1	1
榉树	**Zelkova schneideriana**			1	1
苦槠	**Castanopsis sclerophylla**			2	2
马尾松	**Pinus massoniana**		2	8	10
木荷	**Schima superba**			3	3
青冈栎	**Cyclobalanopsis glauca**			2	2
珊瑚朴	**Celtis julianae**			3	3
满山红	**Rhododendron simsii**		1		1
香榧	**Torreya grandis 'Merrilii'**	316	3575	6770	10661
总计		317	3587	6850	10754

各 论

1 观花植物

001 柱果铁线莲
Clematis uncinata Champ.
毛茛科 Ranunculaceae 铁线莲属 Clematis

形态特征： 多年生藤本，除花柱有羽状毛及萼片外缘有短柔毛外，其余光滑无毛。茎圆柱形，有纵条纹。一至二回羽状复叶，小叶片纸质或薄革质，长圆状卵形至卵状披针形，顶端渐尖至锐尖，基部圆形或宽楔形，全缘，两面网脉突出。圆锥状聚伞花序腋生或顶生，多花，白色。瘦果圆柱状钻形，干后变黑。花期6~7月，果期7~9月。

分布与生境： 分布于秦岭以南地区。生于山地、山谷、溪边的灌丛中、林边，或石灰岩灌丛中。

应用价值： 根入药，能祛风除湿、舒筋活络、镇痛，治风湿性关节痛、牙痛、骨鲠喉；叶外用治外伤出血。

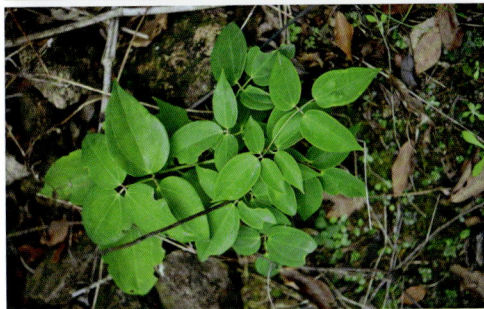

002 山木通
Clematis finetiana Lév. et Vaniot
毛茛科 Ranunculaceae 铁线莲属 Clematis

形态特征： 木质藤本，无毛。茎圆柱形，有纵条纹，小枝有棱。三出复叶，基部有时为单叶；小叶片薄革质或革质，卵状披针形、狭卵形至卵形，顶端锐尖至渐尖，基部圆形、浅心形或斜肾形，全缘，两面无毛。花常单生，或为聚伞花序、总状聚伞花序，腋生或顶生。瘦果镰刀状狭卵形，长约5mm，有柔毛。花期4~6月，果期7~11月。

分布与生境： 分布于云南、四川、贵州、河南（鸡公山）、湖北、湖南（海拔300~1200m）、广东、广西、福建、江西、浙江、江苏（南部）、安徽（淮河以南）。生于山坡疏林、溪边、路旁灌丛中及山谷石缝中。

应用价值： 全株入药，清热解毒、止痛、活血、利尿，治感冒、膀胱炎、尿道炎、跌打损伤；花可治扁桃体炎、咽喉炎。

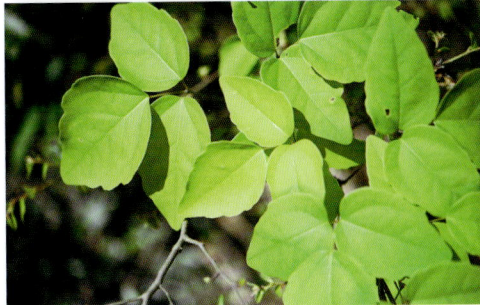

003 木通

Akebia quinata Thunb. ex (Houtt.) Decne.
木通科 Lardizabalaceae　木通属 Akebia

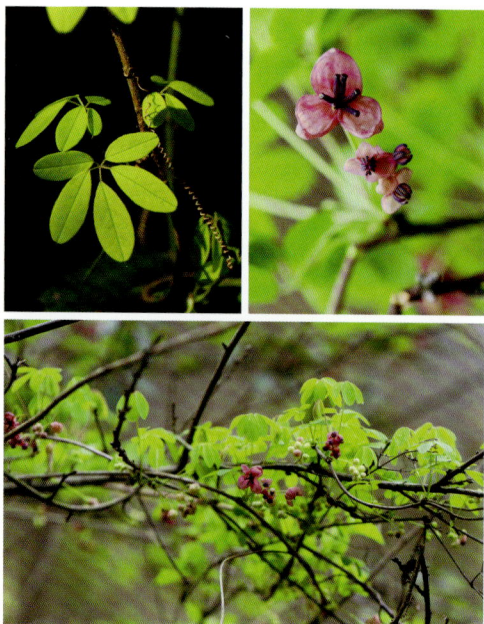

形态特征： 落叶木质藤本。茎纤细，圆柱形，缠绕，茎皮灰褐色，有圆形、小而凸起的皮孔。掌状复叶互生或在短枝上簇生，通常有小叶 5 片；小叶纸质，倒卵形或倒卵状椭圆形，长 2~5cm，宽 1.5~2.5cm，先端圆或凹入，具小凸尖，基部圆或阔楔形。伞房式的总状花序腋生，长 6~12cm，疏花，花略芳香。果孪生或单生，长圆形或椭圆形，成熟时紫色，腹缝开裂。花期 4~5 月，果期 6~8 月。

分布与生境： 分布于长江流域各地区。生于海拔 300~1500m 的山地灌木丛、林缘和沟谷中。日本和朝鲜有分布。

应用价值： 茎、根和果实药用，利尿、通乳、消炎，治风湿关节炎和腰痛；果味甜可食；种子榨油，可制肥皂。

004 鹰爪枫

Holboellia coriacea Diel
木通科 Lardizabalaceae　八月瓜属 Holboellia

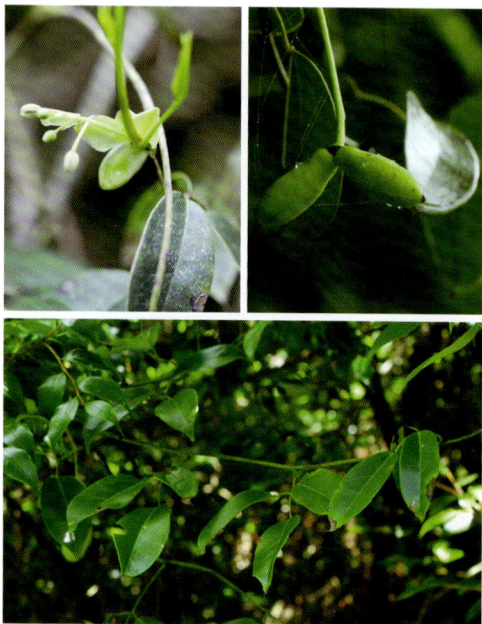

形态特征： 常绿木质藤本。茎皮褐色。掌状复叶，有小叶 3 片；小叶厚革质，椭圆形或卵状椭圆形，先端渐尖或微凹而有小尖头，基部圆或楔形，边缘略背卷。花雌雄同株，白绿色或紫色，组成短的伞房式总状花序。果长圆状柱形，熟时紫色，干后黑色，外面密布小疣点；种子椭圆形，略扁平，种皮黑色，有光泽。花期 4~5 月，果期 6~8 月。

分布与生境： 分布于四川、陕西、湖北、贵州、湖南、江西、安徽、江苏和浙江。生于海拔 500~2000m 的山地杂木林或路旁灌丛中。

应用价值： 果可食，亦可酿酒；根和茎皮药用，治关节炎及风湿痹痛。

005 玉兰 **Magnolia denudata** Desr.
木兰科 Magnoliaceae　木兰属 Magnolia

形态特征： 落叶乔木，高达 25m。小枝具环状托叶痕。叶互生，纸质，倒卵形至宽倒卵形，先端具短突尖，中部以下渐狭成楔形，全缘，叶脉上被柔毛，网脉明显。花先叶开放，直立，芳香，花被片 9 片，白色，基部常带粉红色。聚合果圆柱形，常因部分心皮不育而弯曲。花期 2~3 月，果期 8~9 月。

分布与生境： 分布于江西、浙江、湖南、贵州。生于海拔 500~1000m 的林中。现全国各大城市园林广泛栽培。

应用价值： 材质优良，供家具、图板、细木工等用；花蕾入药；花含芳香油，可提取配制香精或制浸膏；花被片可食用或用以熏茶。早春白花满树，艳丽芳香，为优良的庭园和园林观赏树种。

006 红花木莲 **Manglietia insignis** (Wall.) Blume
木兰科 Magnoliaceae　木莲属 Manglietia

形态特征： 常绿乔木，高达 30m。叶革质，倒披针形、长圆形或长圆状椭圆形，先端渐尖或尾状渐尖，基部楔形，稍反卷，叶背面中脉具红褐色柔毛或散生平伏微毛，侧脉 12~24 对。花红色，芳香，花梗粗壮。聚合果成熟时深紫红色，卵状长圆形。花期 5~6 月，果期 8~9 月。

分布与生境： 分布于浙江、湖南、广西及西南地区。生于山地阔叶林中或常绿落叶阔叶混交林中。

应用价值： 木材优良；花色美丽，为优良的庭园和园林观赏树种。

007 山胡椒　**Lindera glauca** (Siebold et Zucc.) Blume
樟科 Lauraceae　山胡椒属 Lindera

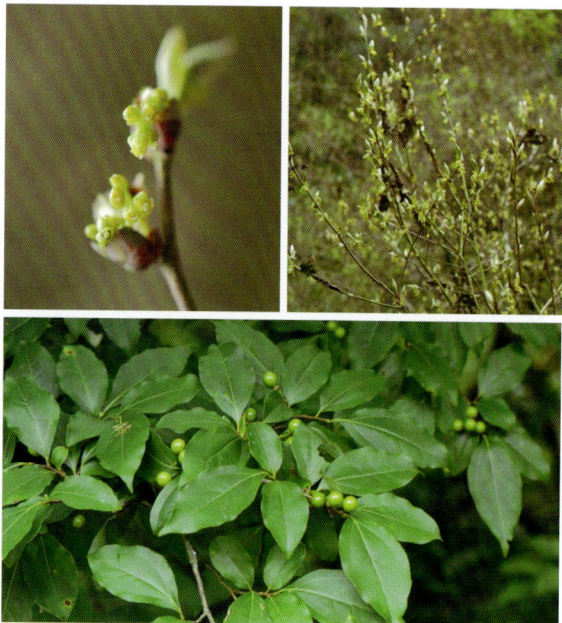

形态特征： 落叶灌木或小乔木，高可达8m。树皮平滑，灰色或灰白色。叶互生，宽椭圆形、椭圆形，叶正面深绿色，背面淡绿色，被白色柔毛，纸质，羽状脉，侧脉每侧（4）5~6条；叶枯后不落，翌年新叶发出时落下。伞形花序腋生于新枝基部，总梗短或不明显，花黄色。核果紫黑色。花期3~4月，果期7~8月。

分布与生境： 广布于长江流域及以南地区。生于海拔1200m以下山坡、林缘、路旁。

应用价值： 木材可作家具；叶、果皮可提取芳香油；种子榨油可作肥皂和润滑油；根、枝、叶、果药用，叶可温中散寒、破气化滞、祛风消肿，根治劳伤脱力、水湿浮肿、四肢酸麻、风湿性关节炎、跌打损伤，果治胃痛。

008 山橿　**Lindera reflexa** Hemsl.
樟科 Lauraceae　山胡椒属 Lindera

形态特征： 落叶灌木或小乔木。树皮棕褐色，有纵裂及斑点。叶互生，通常卵形或倒卵状椭圆形，先端渐尖，基部圆或宽楔形，纸质，羽状脉，侧脉每边6~8条。伞形花序着生于叶芽两侧各一，具总梗，密被红褐色微柔毛，果时脱落。果球形，熟时红色。花期4月，果期8月。

分布与生境： 分布于华东、华中、华南、西南地区。生于海拔约1000m以下的山谷、山坡林下或灌丛中。

应用价值： 根药用，性温、味辛，可止血、消肿、止痛，治胃气痛、疥癣、风疹、刀伤出血。

009 山鸡椒 **Litsea cubeba** (Lour.) Pers.
樟科 Lauraceae　木姜子属 Litsea

形态特征： 落叶灌木或小乔木，高达8~10m。小枝绿色，无毛，枝、叶具芳香味。叶互生，披针形或长圆状披针形，先端渐尖，基部楔形，纸质，背面粉绿色，两面均无毛，羽状脉，侧脉每边6~10条。伞形花序单生或簇生，先叶开放或与叶同时开放。果近球形，成熟时黑色。花期2~3月，果期7~8月。

分布与生境： 分布于长江流域以南及云南、西藏地区。生于海拔500~3200m向阳的山地、灌丛、疏林或林中路旁、水边。

应用价值： 芳香植物，花、叶和果皮主要提制柠檬醛的原料，供医药制品和配制香精等用；根、茎、叶和果实均可入药，有祛风散寒、消肿止痛之效。

010 檫木 **Sassafras tzumu** (Hemsl.) Hemsl.
樟科 Lauraceae　檫木属 Sassafras

形态特征： 落叶乔木，高达35m。树皮深纵裂，小枝黄绿色，光滑。叶集生枝顶，叶片卵圆形或倒卵形，全缘或3裂，背面有白粉，羽状或离基三出脉。总状花序顶生，花小，黄色，先叶开放。果熟时由红色转为黑色，果托、果梗鲜红色。花期2~3月，果期7~8月。

分布与生境： 分布于长江流域以南至广东、广西。散生于山坡、沟谷林中。

应用价值： 树干挺拔，枝叶婆娑，姿态优雅，早春花满枝头，金黄耀眼，晚秋红叶鲜艳悦目，适作行道树、庭荫树、园景树或风景林混交造林树种，也可作切花；优质珍贵材用树种；芳香和油料树种；根、树皮、叶入药，具祛风活血功效。

011 宁波溲疏

Deutzia ningpoensis Rehder
虎耳草科 Saxifragaceae 溲疏属 Deutzia

形态特征: 落叶灌木,高达 3.5m。小枝中空,枝叶被星状毛。叶对生,叶片卵状长圆形或卵状披针形,基部圆形或阔楔形,边缘具疏锯齿或近全缘,正面绿色,背面灰白色。圆锥花序长 5~15cm;花白色,径约 1.5cm,花瓣 5;花药黄色。蒴果半球形。花期 5~7 月,果期 7~10 月。

分布与生境: 分布于华东地区及陕西、湖北。生于山谷或山坡林中、沟边。

应用价值: 花量繁多,洁白素雅,是优良花灌木,适作湿地美化,也可作花篱、花境及切花。

012 中国绣球

Hydrangea chinensis Maxim.
虎耳草科 Saxifragaceae 绣球属 Hydrangea

形态特征: 丛生灌木,高 0.5~2m。小枝红褐色或褐色,老后树皮呈薄片状剥落。叶薄纸质至纸质,长圆形或狭椭圆形,先端渐尖或短渐尖,具尾状尖头或短尖头,基部楔形,边缘近中部以上具疏钝齿或小齿,背面脉腋间常有白色簇毛;叶柄被短柔毛。伞形状或伞房状聚伞花序顶生,第一级辐射枝通常五出,花黄色。蒴果卵球形。花期 5~6 月,果期 9~10 月。

分布与生境: 分布于华东、华中、华南、西南地区及台湾。生于海拔 360~2000m 山谷溪边疏林、密林或山坡、山顶灌丛、草丛中。

应用价值: 药用植物;花序大而美,适作园林绿化观赏树种。

013 圆锥绣球

Hydrangea paniculata Sieb.
虎耳草科 Saxifragaceae　绣球属 Hydrangea

形态特征：灌木或小乔木，高 1~5m。枝暗红褐色或灰褐色，具凹条纹和圆形浅色皮孔，略具棱。叶纸质，对生或 3 叶轮生，卵形或椭圆形，先端渐尖或急尖，具短尖头，基部圆形或阔楔形，边缘有密集稍内弯的小锯齿，背面于叶脉和侧脉上被紧贴长柔毛。圆锥花序，花白色。蒴果椭圆形。花期 7~8 月，果期 10~11 月。

分布与生境：分布于西北（甘肃）、华东、华中、华南、西南等地区。生于海拔 360~2100m 山谷、山坡疏林下或山脊灌丛中。

应用价值：药用植物；花序大而美丽，适作园林观赏树种。

014 钻地风

Schizophragma integrifolium Oliv.
虎耳草科 Saxifragaceae　钻地风属 Schizophragma

形态特征：木质藤本或藤状灌木。叶纸质，椭圆形、长椭圆形或阔卵形，先端渐尖或急尖，具狭长或阔短尖头，基部阔楔形，边全缘或上部或多或少具仅有硬尖头的小齿，正面无毛，背面有时沿脉被疏短柔毛。伞房状聚伞花序密被褐色柔毛，花黄白色。蒴果钟状或陀螺状。花期 6~7 月，果期 10~11 月。

分布与生境：分布于华东、华南、西南地区。生于海拔 200~2000m 山谷、山坡密林或疏林中，常攀缘于岩石或乔木上。

应用价值：药用植物；适作园林边坡美化。

015 蜡瓣花

Corylopsis sinensis Hemsl.
金缕梅科 Hamamelidaceae 蜡瓣花属 Corylopsis

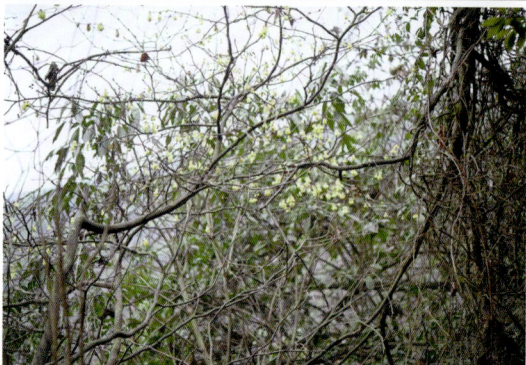

形态特征： 落叶灌木，高达 3m，幼枝被柔毛。叶互生，叶片倒卵圆形或倒卵形，先端急尖或钝，基部斜心形，侧脉直达齿端呈刺毛状，背面淡绿色，具星状毛。总状花序长 3~4cm，具长柔毛，下垂；花先叶开放；花瓣 5，匙形，黄色，蜡质。蒴果近球形，被柔毛。花期 3~5 月，果期 6~8 月。

分布与生境： 分布于浙江、安徽、江西、福建、湖南、湖北、广东、贵州、广西。生于海拔 600m 以上的山地、沟谷疏林、林缘及灌丛中。

应用价值： 先花后叶，花色清亮，秋叶变黄，适作花灌木、花篱、边坡美化，也可作切花。

016 金缕梅

Hamamelis mollis Oliv.
金缕梅科 Hamamelidaceae 金缕梅属 Hamamelis

形态特征： 落叶灌木或小乔木。嫩枝被黄褐色星状茸毛，老枝秃净，裸芽被灰黄色星状毛。叶片宽倒卵形，先端短急尖，基部不等侧心形，正面稍粗糙，有稀疏星状毛，背面密生灰色星状茸毛；边缘有波状钝齿。头状或短穗状花序腋生，有花数朵，无花梗，花先叶开放，有香气，淡黄色。蒴果卵圆形，密被黄褐色星状茸毛。花期 2~3 月，果期 6~8 月。

分布与生境： 分布于浙江、安徽、江西、湖北、湖南、广西、四川。生于海拔 200~1000m 沟谷、山坡的灌丛中、疏林或林缘。

应用价值： 早春花先叶开放，花瓣如缕，黄色芬芳，远望似蜡梅，适作公园、庭院绿化观赏树种，也可制作盆景或鲜切花；根药用。

017 迎春樱 *Cerasus discoidea* Yü et Li
蔷薇科 Rosaceae   樱属 Cerasus

形态特征： 落叶小乔木，高 3~6m。树皮具大型横生皮孔。叶互生；叶片倒卵状长圆形或长椭圆形，先端骤尾尖或尾尖，基部楔形，边缘有缺刻状锐尖锯齿；叶柄顶端有 1~3 腺体。花粉红色，先叶开放；伞形花序有花 2 朵，稀 1 或 3 朵；花瓣 5，先端 2 裂。核果红色。花期 3~4 月，果期 4~5 月。

分布与生境： 分布于浙江、安徽、江西。常见于山坡、沟谷疏林内或灌丛中。

应用价值： 早春开花，花色悦目，极佳的观花树种，适作园景树、行道树，也可作切花；果味酸甜，可鲜食。

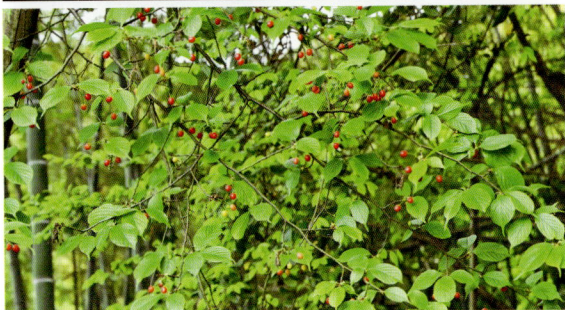

018 浙闽樱 *Cerasus schneideriana* (Koehne) Yü et Li
蔷薇科 Rosaceae   樱属 Cerasus

形态特征： 落叶小乔木，高达 6m。小枝、叶柄、叶片背面密被灰褐色微硬毛。叶互生，长椭圆形、卵状长圆形或倒卵状长圆形，顶端渐尖或骤尾尖，正面叶脉明显下陷，叶柄顶端常有 2 枚腺体。伞形花序，花淡红色。核果橙红至鲜红色，椭圆形。花期 3 月，果期 5 月。

分布与生境： 分布于浙江、福建、广西地区。生于海拔 200~1200m 的沟谷、山坡灌丛中。

应用价值： 花期早，花果皆可观赏；樱花、樱桃育种的种质资源；果微甜，可鲜食。

019 山樱花 Cerasus serrulata var. spontanea (Maxim.) E. H. Wilson
蔷薇科 Rosaceae　樱属 Cerasus

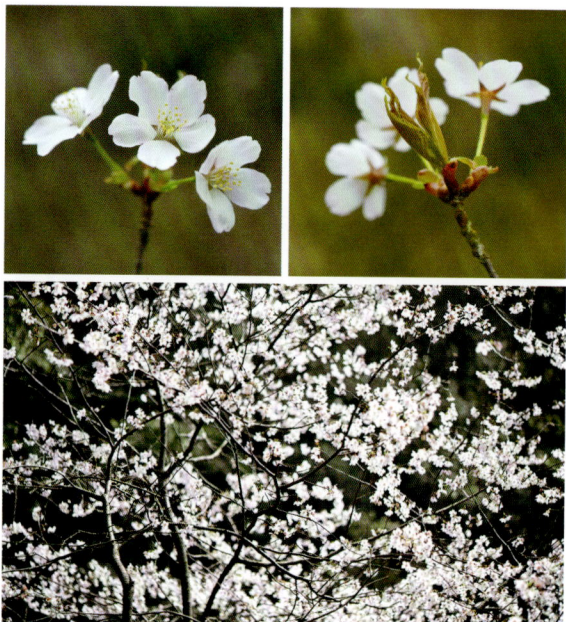

形态特征： 落叶乔木，高 3~8m。树皮灰褐色或灰黑色。小枝灰白色或淡褐色，无毛。叶片卵状椭圆形或倒卵状椭圆形，先端渐尖，基部圆形，边有渐尖单锯齿及重锯齿，齿尖有小腺体，正面深绿色，背面淡绿色，有侧脉 6~8 对；托叶线形，边有腺齿，早落。花序伞房总状或近伞形，花单瓣，白色。核果球形或卵球形，紫黑色。花期 4~5 月，果期 6~7 月。

分布与生境： 分布于华东地区及黑龙江、河北、湖南、贵州。生于海拔 500~1500m 的山坡、山谷林中。

应用价值： 花繁叶茂，洁白如玉，叶片油亮，观赏价值高。

020 白鹃梅 Exochorda racemosa (Lindl.) Rehder
蔷薇科 Rosaceae　白鹃梅属 Exochorda

形态特征： 落叶灌木，高 2~4m。叶互生；叶片椭圆形、长椭圆形至长圆状倒卵形，先端圆钝或急尖，基部楔形，全缘，两面无毛。总状花序顶生，具花 6~10 朵；花白色，花瓣 5，倒卵形。蒴果倒圆锥形，具 5 棱脊。花期 3~5 月，果期 6~8 月。

分布与生境： 分布于浙江、江苏、安徽、河南。生于向阳山坡灌丛、林缘、疏林下或岩缝中。

应用价值： 花大洁白，极为美丽，可作花灌木，也可作花境、岩面美化及切花；根皮、树皮药用，治腰骨酸痛。

021 棣棠花 Kerria japonica (L.) DC.
蔷薇科 Rosaceae　棣棠花属 Kerria

形态特征： 落叶灌木，高 1~2m。小枝绿色，圆柱形，常拱垂，嫩枝有棱。叶互生，三角状卵形或卵圆形，顶端长渐尖，基部圆形、截形或微心形，边缘有尖锐重锯齿，背面沿脉或脉腋有柔毛。单花，着生在当年生侧枝顶端，花瓣黄色。瘦果倒卵形至半球形，褐色或黑褐色，有皱褶。花期 4~6 月，果期 6~8 月。

分布与生境： 分布于秦岭以南亚热带地区。生于海拔 200~3000m 山坡灌丛中。

应用价值： 茎髓作为通草代用品入药，有催乳利尿之效；叶绿花黄，为优良花灌木。

022 细齿稠李 Padus obtusata (Koehne) Yü et Ku
蔷薇科 Rosaceae　稠李属 Padus

形态特征： 落叶乔木。老枝紫褐色或暗褐色，无毛，有散生浅色皮孔。叶片窄长圆形、椭圆形或倒卵形，先端急尖或渐尖，基部近圆形或宽楔形，边缘有细密锯齿，背面中脉和侧脉以及网脉均明显凸起。总状花序具多花，花白色。核果卵球形，顶端有短尖头，黑色。花期 4~5 月，果期 6~10 月。

分布与生境： 分布于甘肃、陕西、河南、安徽、浙江、台湾、江西、湖北、湖南、贵州、云南、四川等地区。生于海拔 840~3600m 山坡杂木林中、密林中或疏林下以及山谷、沟底和溪边等处。

应用价值： 叶能入药，有止咳化痰之效；果实酸甜可口，富含营养物质；树形优美，花叶可观，适作园林观赏植物。

023 垂丝石楠 Padus komarovii (H. Lév. et Vaniot) L. T. Lu et C. L. Li
蔷薇科 Rosaceae　石楠属 Photinia

形态特征： 落叶灌木，高达 3m。小枝纤细，红棕色。叶片椭圆形、长卵形至披针状卵形，先端渐尖至尾尖，基部宽楔形至近圆形，边缘具锐锯齿，两面无毛，侧脉 4~6 对，背面凸起。伞形花序生于侧枝顶端，花瓣白色。果实红色，椭圆形，果梗纤细，有疣点。花期 4~5 月，果期 8~10 月，

分布与生境： 分布于江西、浙江、福建、湖北、四川、贵州。生于海拔 1700m 以下的山坡上、沟谷林下、林缘或灌丛中。

应用价值： 可供园林观赏；叶可入药。

024 李 Prunus salicina Lindl.
蔷薇科 Rosaceae　李属 Prunus

形态特征： 落叶乔木，高 9~12m。树冠广圆形，树皮灰褐色，起伏不平。叶片长圆状倒卵形、长椭圆形，先端渐尖、急尖或短尾尖，基部楔形，边缘有圆钝重锯齿，常混有单锯齿，幼时齿尖带腺；叶柄顶端或叶基常有 2 个腺体。花通常 3 朵并生，花白色。核果球形、卵球形或近圆锥形，紫色或黄色，外被蜡粉。花期 4 月，果期 7~8 月。

分布与生境： 分布于浙江杭州、温州、绍兴、湖州、金华、台州、丽水，我国大多数省份常见栽培。生于海拔 400~2600m 山坡灌丛中、山谷疏林中或水边、沟底、路旁等处。

应用价值： 花期早，花果俱美，适作绿化观赏树种；果实可食。

025 豆梨

Pyrus calleryana Decn.
蔷薇科 Rosaceae 梨属 Pyrus

形态特征： 落叶乔木，高5~8m。小枝粗壮，圆柱形，有枝刺；冬芽三角卵形，微具茸毛。叶片宽卵形至卵形，先端渐尖，基部圆形至宽楔形，边缘有钝锯齿；叶柄长2~4cm。伞形总状花序，花白色。梨果球形，黑褐色，有斑点。花期4月，果期8~9月。

分布与生境： 分布于华中、华东、华南地区。适生于温暖潮湿气候，生于海拔80~800m山坡、灌丛或山谷阔叶林中。

应用价值： 木材致密可作器具；通常用作沙梨砧木；春季开花，优良观花树种，可作园景树。

026 秀蔷薇

Rosa henryi Bouleng.
蔷薇科 Rosaceae 蔷薇属 Rosa

形态特征： 落叶灌木，高3~5m。有长匍匐枝，小枝有短扁、弯曲皮刺或无刺。小叶通常5，近花序小叶片常为3，小叶片长圆形、卵形、椭圆形或椭圆状卵形，先端长渐尖或尾尖，基部近圆形或宽楔形，边缘有锐锯齿，两面均无毛，背面中脉凸起；小叶柄和叶轴无毛，有散生小皮刺。花5~15朵，成伞形伞房状花序，花瓣白色。果近球形，成熟后褐红色，有光泽，果梗有稀疏腺点。花期5~6月，果期7~11月。

分布与生境： 分布于华东、华中地区及广东、广西、贵州、四川、云南、陕西等地。生于山坡上、山谷中、林缘、溪边。

应用价值： 花序密集、花期长，适于园林垂直绿化。

027 三花莓　**Rubus trianthus** Focke

蔷薇科 Rosaceae　悬钩子属 Rubus

形态特征： 落叶灌木，高 1~2m。枝细瘦，暗紫色，无毛，疏生皮刺，有时具白粉。单叶，卵状披针形或长圆状披针形，顶端渐尖，基部心脏形，两面无毛，3 裂或不裂，边缘有不规则或缺刻状锯齿，叶柄疏生小皮刺，基部有 3 脉。花常 3 朵顶生，有时花超过 3 朵而成短总状花序，花白色。聚合果近球形，红色，无毛。花期 4~5 月，果期 5~6 月。

分布与生境： 分布于长江流域以南地区。生于海拔 300m 以上的山坡、沟谷疏林及林缘、路旁。

应用价值： 全株药用，有活血散瘀功效；果酸中带甜，可鲜食或酿酒。

028 绣球绣线菊　**Spiraea blumei** G. Don

蔷薇科 Rosaceae　绣线菊属 Spiraea

形态特征： 落叶灌木，高 1~2m。小枝稍弯曲，无毛。叶互生，叶片菱状卵形或倒卵形，先端圆钝或微尖，基部楔形，边缘近中部以上有少数圆钝缺刻状锯齿或 3~5 浅裂，两面无毛，背面浅蓝绿色。伞形花序无毛，具花 10~25 朵；花白色。蓇葖果直立，无毛。花期 4~5 月，果期 8~10 月。

分布与生境： 分布于华东、华中地区及辽宁、内蒙古、山西、陕西、甘肃、贵州、广东、广西。生于向阳山坡、路旁灌丛或阔叶林中。

应用价值： 花朵洁白繁茂，犹如团团雪球缀满枝头，可作花境、花篱或切花。

029 中华绣线菊

Spiraea chinensis Maxim.
蔷薇科 Rosaceae 绣线菊属 Spiraea

形态特征： 落叶灌木，高 1.5~3m。小枝呈拱形弯曲，红褐色，幼时被黄色茸毛，有时无毛。叶片菱状卵形至倒卵形，先端急尖或圆钝，基部宽楔形或圆形，边缘有缺刻状粗锯齿，或具不明显 3 裂，正面被短柔毛，脉纹深陷，背面密被黄色茸毛，脉纹凸起。伞形花序具短茸毛，白色。蓇葖果开张，全体被短柔毛。花期 3~6 月，果期 6~10 月。

分布与生境： 分布于我国暖温带至亚热带地区。生于海拔 1300m 以下山坡灌木丛中、山谷溪边、田野路旁。

应用价值： 花序大而洁白，适作观花地被或与置石相配。

030 疏毛绣线菊

Spiraea hirsuta (Hemsl.) Schneid.
蔷薇科 Rosaceae 绣线菊属 Spiraea

形态特征： 落叶灌木，高 1~1.5m。枝条圆柱形，稍呈"之"字形弯曲。叶片倒卵形、椭圆形，先端圆钝，基部楔形，边缘自中部以上或先端有钝锯齿或稍锐锯齿，正面具稀疏柔毛，背面蓝绿色，具稀疏短柔毛，叶脉明显。伞形花序被短柔毛，花瓣宽倒卵形，白色。蓇葖果稍开张，具稀疏短柔毛。花期 5 月，果期 7~8 月。

分布与生境： 分布于华东、华中、西北、华北及四川地区。生于海拔 1300m 以下的向阳山坡或岩石上。

应用价值： 花朵洁白繁茂，叶片入秋转红，是优良观花、观叶植物。

031 珍珠绣线菊

Spiraea thunbergii Bl.
蔷薇科 Rosaceae　绣线菊属 Spiraea

形态特征： 落叶灌木。枝条细长开张，呈弧形弯曲。叶片线状披针形，先端长渐尖；基部狭楔形，边缘自中部以上有尖锐锯齿，两面无毛，具羽状脉；叶柄极短或近无柄，有短柔毛。伞形花序无总梗，具花 3~7 朵，花瓣倒卵形或近圆形，白色。蓇葖果开张，无毛。花期 4~5 月，果期 7 月。

分布与生境： 分布于华东地区及陕西、辽宁。

应用价值： 花期早，花朵密集如积雪，叶片薄细如鸟羽，秋季转变为橘红色，适作园林观赏树种。

032 云实

Caesalpinia decapetala (Roth) Alston
豆科 Leguminosae　云实属 Caesalpinia

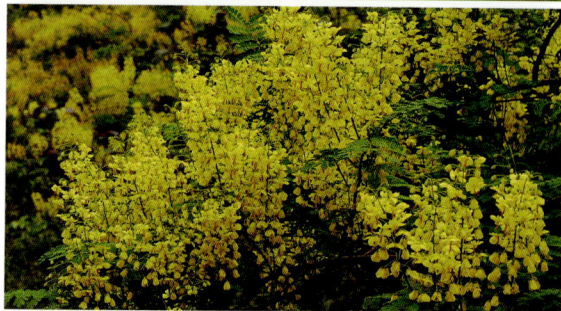

形态特征： 落叶攀缘藤本，全体散生倒钩状皮刺。二回偶数羽状复叶，羽片 3~10 对；每羽片具小叶 14~30 枚；小叶片长圆形，两端钝圆，微偏斜，全缘。总状花序顶生；花金黄色，假蝶形花冠；雄蕊紫红色。荚果扁平，革质。花期 4~5 月，果期 7~10 月。

分布与生境： 分布于秦岭以南各地。多生于山坡、沟谷疏林、路边灌丛或林缘，喜生于石灰岩山地。

应用价值： 耐旱耐瘠，生性强健，花色艳丽，适作花架、刺篱，也用作切花。

033 庭藤　**Indigofera decora** Lindl.
豆科 Leguminosae　木蓝属 Indigofera

形态特征: 落叶灌木,高 0.4~2m,茎圆柱形或有棱。一回羽状复叶互生,叶轴扁平或圆柱形,小叶 3~7 对,多对生,叶形变异大,通常卵状椭圆形至披针形,先端渐尖或急尖,具小尖头,基部楔形或阔楔形,背面被白色丁字毛。总状花序直立,花冠淡紫色或粉红色。荚果棕褐色,圆柱形。花期 4~6 月,果期 6~10 月。

分布与生境: 分布于安徽、浙江、福建、广东。生于海拔 200~1800m 溪边、沟谷旁及杂木林和灌丛中。

应用价值: 花朵繁茂,花色柔美,可作花篱观赏。

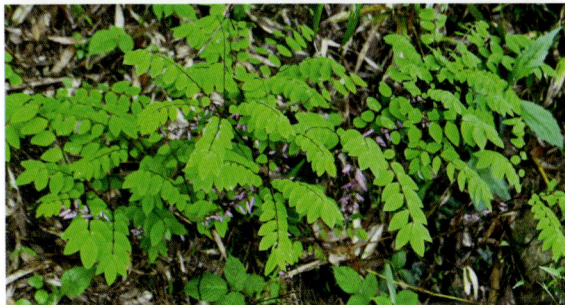

034 华东木蓝　**Indigofera fortunei** Craib
豆科 Leguminosae　木蓝属 Indigofera

形态特征: 落叶灌木,高达 1m。茎直立,分枝有棱。羽状复叶,叶轴上面具浅槽,小叶 3~7 对,对生,卵形、阔卵形、卵状椭圆形或卵状披针形,先端钝圆或急尖,微凹,有长约 2mm 的小尖头,基部圆形或阔楔形,中脉在正面凹入,背面隆起,细脉明显。总状花序,花冠紫红色或粉红色。荚果褐色,开裂后果瓣旋卷。花期 4~5 月,果期 5~9 月。

分布与生境: 分布于安徽、江苏、浙江、湖北。生于海拔 200~800m 山坡疏林或灌丛中。

应用价值: 药用植物,清热解毒,消肿止痛。

035 中华胡枝子

Lespedeza chinensis G. Don
豆科 Leguminosae　胡枝子属 Lespedeza

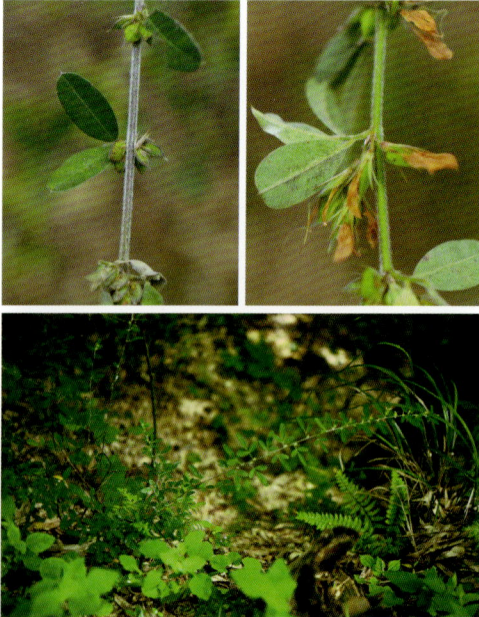

形态特征： 落叶小灌木，高达 1m。全株被白色伏毛，茎直立或铺散；分枝斜生，被柔毛。羽状复叶具 3 小叶，小叶倒卵状长圆形、长圆形、卵形或倒卵形，先端截形、近截形、微凹或钝头，具小刺尖，边缘稍反卷，正面无毛或疏生短柔毛，背面密被白色伏毛。总状花序腋生，少花，花冠白色或黄色。荚果卵圆形，表面有网纹，密被白色伏毛。花期 8~9 月，果期 10~11 月。

分布与生境： 分布于华东地区及湖北、湖南、广东、贵州等地。生于海拔 2500m 以下的灌木丛中、林缘、路旁、山坡、林下草丛等处。

应用价值： 药用植物，有祛风止痛之效。

036 紫藤

Wisteria sinensis (Sims) Sweet
豆科 Leguminosae　紫藤属 Wisteria

形态特征： 落叶木质藤木。奇数羽状复叶，小叶约 11 枚；托叶早落；小叶片卵状披针形或卵状长圆形，先端渐尖或尾尖，基部圆形或宽楔形；小托叶针刺状。总状花序生于去年生枝顶端，下垂，花密集；花冠蝶形，紫色或深紫色。荚果线形或线状倒披针形，扁平，密被灰黄色茸毛。花期 4~5 月，果期 5~10 月。

分布与生境： 分布于我国大部分地区，北自辽宁、内蒙古，南至广东、广西。常生于向阳山坡、沟谷、旷地、灌草丛中或疏林下。

应用价值： 枝繁叶茂，适作园林观赏植物；花可食用，风味独特；花、茎皮、根可药用。

037 吴茱萸　**Euodia rutaecarpa** (Juss.) Benth.
芸香科 Rutaceae　吴茱萸属 Euodia

形态特征： 小乔木，高达 5m。幼枝、叶轴、总花梗均被锈色长柔毛。奇数羽状复叶对生，小叶 5~9 枚；长圆形至卵形，全缘或有不明显钝锯齿，具粗大油点。聚伞花序顶生；花单性，雌雄异株，黄绿色。蓇葖果紫红色，具粗大腺齿；种子亮黑色，卵球形。花期 6~8 月，果期 9~10 月。

分布与生境： 分布于秦岭以南各地。生于疏林下、林缘及溪边。

应用价值： 未熟果实入药，有温中散寒、降逆止痛之效；果实密集，色泽艳丽，可作园景树、坡地美化树种，也可作切花。

038 石岩枫　**Mallotus repandus** var. **scabrifolius** (A. Juss.) Muell. Arg.
大戟科 Euphorbiaceae　野桐属 Mallotus

形态特征： 攀缘状灌木。嫩枝、叶柄、花序和花梗均密生黄色星状柔毛；老枝无毛，常有皮孔。叶互生，纸质或膜质，卵形或椭圆状卵形，顶端急尖或渐尖，基部楔形或圆形，边全缘或波状，嫩叶两面均被星状柔毛，基出脉 3 条。花雌雄异株，总状花序下部有分枝。蒴果，密生黄色粉末状毛和颗粒状腺体。花期 3~5 月，果期 8~9 月。

分布与生境： 分布于秦岭以南地区。生于海拔 250~300m 山地疏林中或林缘。

应用价值： 茎皮纤维可编绳用；根入药，具祛风除湿、活血通络、解毒消肿、驱虫止痒之效。

039 光枝刺叶冬青 *Ilex hylonoma* var. *glabra* S. Y. Hu
冬青科 Aquifoliaceae　冬青属 Ilex

形态特征： 常绿小乔木，高 7m。枝、叶、花序无毛，小枝略具棱。单叶互生，叶长圆形、披针形、卵状披针形或椭圆形，先端渐尖，基部宽楔形，边缘具粗尖锯齿，齿端具弱刺。花序簇生于叶腋。果椭球形或近球形，熟时红色。花期 3~4月，果期 8~12月。

分布与生境： 分布于浙江、湖南、广西、四川、贵州地区。生于海拔 250~300m 山地林中溪边。

应用价值： 叶入药，用于跌打损伤；果红色，供观赏。

040 毛脉显柱南蛇藤 *Celastrus stylosus* var. *puberulus* (Hsu) C. Y. Cheng et T. C. Kao
卫矛科 Celastraceae　南蛇藤属 Celastrus

形态特征： 落叶木质藤本。皮孔淡黄色，冬芽卵球形。叶片较宽大，成阔椭圆形或长方椭圆形，叶背绿色，侧脉 4~5 对，叶柄、叶背脉上被较密短硬毛。聚伞花序，总花梗及花梗被锈色短毛，关节位于花梗中部以上，雄蕊柱头 3 裂后不再分裂。蒴果球状。花期 3~5月，果期 8~10月。

分布与生境： 分布于江苏、安徽、浙江、江西、湖南、广东等地。生于海拔 400m 以上的林缘或灌丛中。

应用价值： 药用植物，具有清热利湿之效。

041 青榨槭

Acer davidii Franch
槭树科 Aceraceae　槭属 Acer

形态特征： 落叶乔木，高 10~15m。树皮常纵裂成蛇皮状，小枝细瘦，无毛。叶纸质，长圆卵形或近于长圆形，先端锐尖或渐尖，常有尖尾，基部近于心脏形或圆形，边缘具不整齐的钝圆齿，背面嫩时沿叶脉被紫褐色的短柔毛。花黄绿色，杂性同株，成下垂的总状花序，顶生于着叶的嫩枝。翅果成熟后黄褐色。花期 4 月，果期 9 月。

分布与生境： 分布于华北、华中、华东、西北、西南各地区。常生于海拔 250~1450m 的沟谷、疏林中。

应用价值： 本种生长迅速，树冠整齐，可用为绿化和造林树种；树皮纤维较长，又含丹宁，可作工业原料；材用树种。

042 鄂西清风藤

Sabia campanulata subsp. **ritchieae** (Rehder et E. H. Wilson) Y. F. Wu
清风藤科 Sabiaceae　清风藤属 Sabia

形态特征： 落叶攀缘木质藤本。叶膜质，长圆形或长圆状卵形，先端尾状渐尖或渐尖，基部楔形或圆形，叶正面深绿色，有微柔毛，老叶脱落近无毛，叶背灰绿色，无毛或脉上有细毛。花深紫色，花梗长 1~1.5cm，花瓣果时不增大、不宿存而早落，花盘肿胀，高长于宽，基部最宽，边缘环状。分果爿阔倒卵形。花期 5 月，果期 7 月。

分布与生境： 分布于华东地区及广东、湖南、湖北、陕西、甘肃、四川、贵州。生于海拔 500~1200m 的山坡及湿润山谷林中。

应用价值： 药用植物。

043 铜钱树　**Paliurus hemsleyanus** Rehder ex Schir. et Olabi
鼠李科 Rhamnaceae　马甲子属 Paliurus

形态特征：乔木，稀灌木，高达 13m，枝、叶无毛。叶互生，纸质或厚纸质，宽椭圆形，卵状椭圆形或近圆形，先端长渐尖或渐尖，基部偏斜，边缘具圆锯齿或钝细锯齿，基生三出脉。聚伞花序或聚伞圆锥花序，顶生或兼有腋生，无毛。核果草帽状，周围具革质宽翅，红褐色或紫红色，无毛。花期 4~6 月，果期 7~9 月。

分布与生境：分布于华东、华中地区及甘肃、陕西、四川、云南、贵州、广西、广东。生于海拔 1600m 以下的山地林中。

应用价值：树皮含鞣质，可提制栲胶；果形奇特，可做园林观赏树种；石灰岩区域绿化先锋树种。

044 扁担杆　**Grewia biloba** G. Don
椴树科 Tiliaceae　扁担杆属 Grewia

形态特征：灌木或小乔木，高 1~4m。多分枝，嫩枝被粗毛。叶薄革质，椭圆形或倒卵状椭圆形，先端锐尖，基部楔形或钝，两面有稀疏星状粗毛，基出脉 3 条，边缘有细锯齿；叶柄被粗毛。聚伞花序腋生，多花，花白色。核果红色，有 2~4 颗分核。花期 5~7 月，果期 9~10 月。

分布与生境：分布于长江以南各地区及河北、山东、河南、陕西、山西。生于海拔 500m 以下的山谷、山坡及溪边林下或灌丛中。

应用价值：枝叶入药，可治小儿疳积、脾虚久泻等症；茎皮纤维可作人造棉或编织用。

045 浙江红山茶

Camellia chekiangoleosa Hu
山茶科 Theaceae 山茶属 Camellia

形态特征： 小乔木，高 6m。嫩枝无毛。叶革质，椭圆形或倒卵状椭圆形，先端短尖或急尖，基部楔形或近于圆形，正面深绿色，发亮，边缘 3/4 有锯齿。花红色，顶生或腋生单花。蒴果卵球形。花期 10 月至翌年 4 月，果期 9 月。

分布与生境： 分布于福建、江西、湖南、浙江、安徽。生于海拔 300~1650m 的山坡、林缘和谷地。

应用价值： 油料植物；蜜源植物；花大色艳，为优良花灌木。

046 格药柃

Eurya muricata Dunn
山茶科 Theaceae 柃木属 Eurya

形态特征： 常绿灌木或小乔木，高 2~6m。全株无毛，嫩枝圆柱形，粗壮，黄绿色。叶革质，稍厚，长圆状椭圆形或椭圆形，顶端渐尖，基部楔形，边缘有细钝锯齿，中脉在正面凹下，背面隆起。花 1~5 朵簇生叶腋，白色。果实圆球形，成熟时紫黑色。花期 9~11 月，果期次年 6~8 月。

分布与生境： 分布于华东、华中、华南及西南地区。多生于海拔 350~1300m 的山坡林中或林缘灌丛中。

应用价值： 树皮含鞣质，可提取栲胶；花是优良蜜源植物。

047 窄基红褐柃 Eurya rubiginosa var. attenuata H. T. Chang
山茶科 Theaceae　柃木属 Eurya

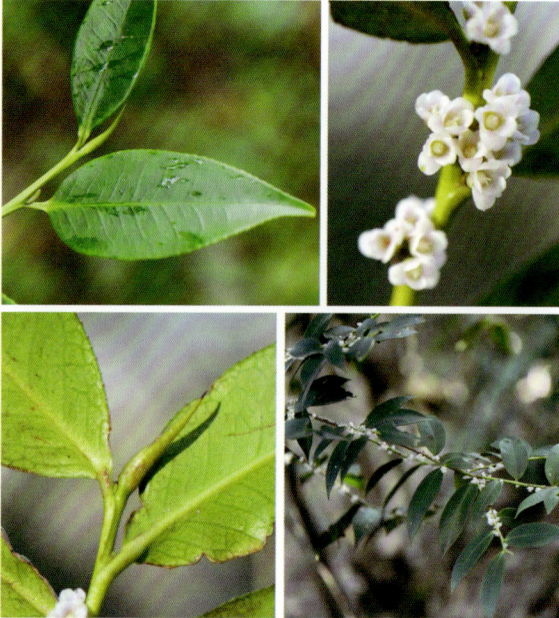

形态特征: 常绿灌木,高 1~3m。嫩枝较粗壮,具 2 棱,无毛,顶芽发达。单叶互生,叶片厚革质,长椭圆状卵形或长椭圆状披针形,先端急尖或渐尖,基部楔形或近圆形,边缘有细锯齿,侧脉在两面稍隆起。雌雄异株,花白色或淡紫色。浆果球形,熟时黑色。花期 10~11 月,果期翌年 5~8 月。

分布与生境: 分布于华东、华南地区及湖南、云南。多生于海拔 400~800m 的山坡林中、林缘以及山坡路旁或沟谷边灌丛中。

应用价值: 优良蜜源植物;枝叶密集,新叶色彩丰富,可用于园林观赏。

048 厚皮香 Ternstroemia gymnanthera (Wight et Arn.) Bedd.
山茶科 Theaceae　厚皮香属 Ternstroemia

形态特征: 灌木或小乔木,高 1.5~10m。全株无毛,小枝粗壮,近轮生。叶革质或薄革质,通常聚生于枝端,呈假轮生状,椭圆形、椭圆状倒卵形至长圆状倒卵形,顶端短渐尖,尖头钝,基部楔形,边全缘,中脉在正面稍凹下,在背面隆起。花数朵聚生枝顶或单生叶腋,花淡黄色,浓香。果实圆球形。花期 5~7 月,果期 8~10 月。

分布与生境: 分布于华东、华中、华南及西南地区。多生于海拔 900m 以下的山地林中、林缘路边或近山顶疏林中。

应用价值: 株形秀美,叶色浓绿光亮,适作庭院、公园美化观赏树种。

049 中国旌节花

Stachyurus chinensis Franch
旌节花科 Stachyuraceae　旌节花属 Stachyurus

形态特征：落叶灌木，高 2~4m。小枝粗壮，圆柱形，具淡色椭圆形皮孔。叶于花后发出，互生，纸质至膜质，卵形或长圆状卵形，先端渐尖至短尾状渐尖，基部钝圆至近心形，边缘为圆齿状锯齿。穗状花序腋生，先叶开放，花黄色。果实圆球形。花期 3~4 月，果期 5~7 月。

分布与生境：分布于秦岭以南各地。生于海拔 400~3000m 的山坡谷地林中或林缘。

应用价值：药用植物；早春开花，花色鲜黄，具观赏价值。

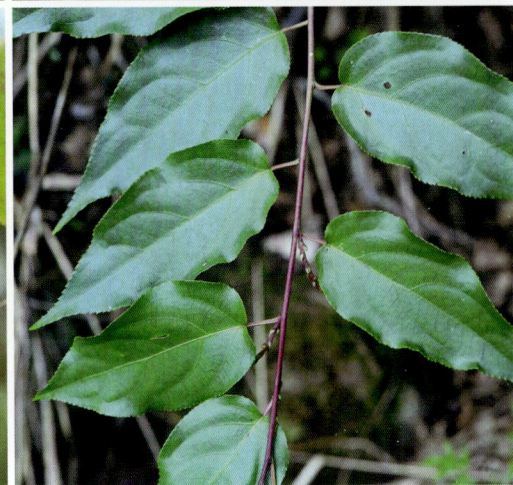

050 北江荛花 Wikstroemia monnula Hance
瑞香科 Thymelaeaceae　荛花属 Wikstroemia

形态特征： 落叶灌木，高 0.5~0.8m。枝暗绿色，无毛，小枝被短柔毛。叶对生或近对生，纸质或坚纸质，卵状椭圆形至椭圆形或椭圆状披针形，先端尖，基部宽楔形或近圆形，全缘，背面脉上被疏柔毛，侧脉纤细。总状花序顶生，花细瘦，黄带紫色或淡红色。核果卵圆形，肉质，白色。花期 4~6 月，果期 6~9 月。

分布与生境： 分布于华东、华中、华南地区及贵州。生于海拔 650~1100m 的向阳山坡、岩缝、灌丛中或路旁。

应用价值： 韧皮纤维可作人造棉及高级纸的原料；根供药用，有活血散瘀之效。

051 八角枫 Alangium chinense (Lour.) Harms
八角枫科 Alangiaceae　八角枫属 Alangium

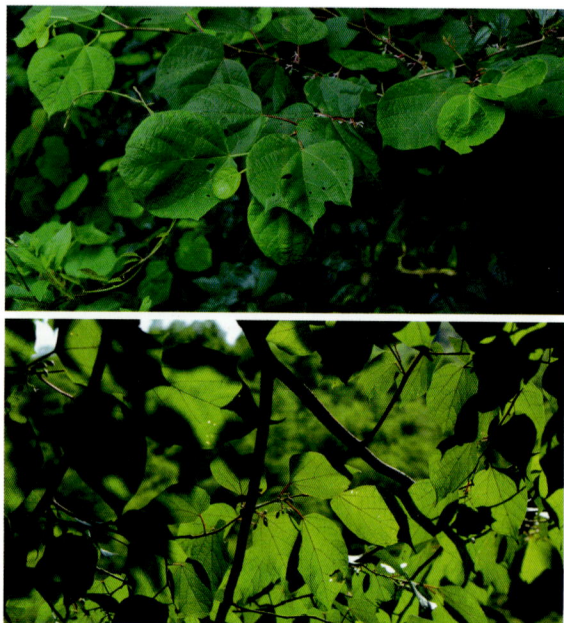

形态特征： 落叶乔木或灌木，高 3~5m。小枝略呈"之"字形，幼枝紫绿色。叶纸质，近圆形或椭圆形、卵形，顶端短锐尖或钝尖，基部极偏斜，全缘或 3~7 浅裂，裂片短锐尖或钝尖。聚伞花序腋生，花黄白色，开放后花瓣向外卷曲。核果卵圆形，成熟后黑色。花期 5~7 月，果期 7~11 月。

分布与生境： 分布于华东、华中、华南、西南地区及陕西、甘肃。生于低海拔沟谷林缘及向阳的山地疏林中。

应用价值： 药用，治风湿、跌打损伤、外伤止血等；全株有毒，为古代"蒙汗药"成分之一；树皮纤维可编绳索。

052 毛八角枫

Alangium kurzii Craib
八角枫科 Alangiaceae 八角枫属 Alangium

形态特征： 落叶小乔木，高 5~10m。小枝深褐色，无毛，具稀疏的淡白色圆形皮孔。叶互生，纸质，近圆形或阔卵形，顶端长渐尖，基部心脏形或近心脏形，倾斜，两侧不对称，全缘，背面有黄褐色丝状微茸毛。聚伞花序，花瓣线形，开花时反卷，外面有淡黄色短柔毛，内面无毛，初白色，后变淡黄色。核果成熟后黑色，顶端有宿存的萼齿。花期 5~6 月，果期 9 月。

分布与生境： 分布于华东、华南地区及湖南、贵州。生于低海拔的山地疏林中。

应用价值： 种子可榨油，供工业用；花形优美，秋叶亮黄色，宜作园林景观树。

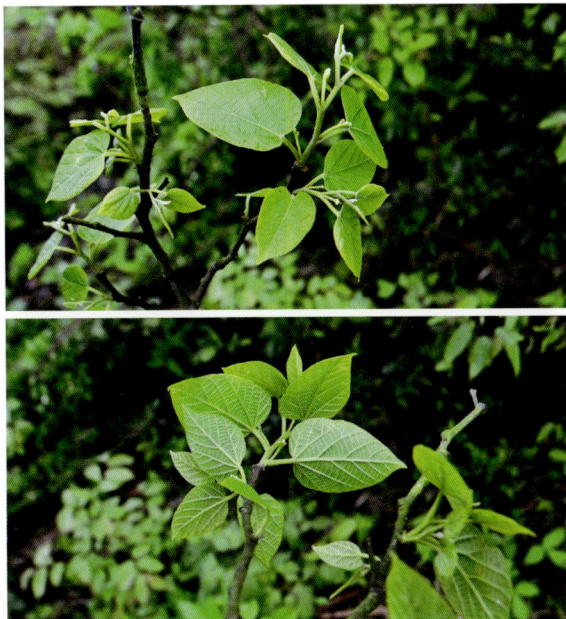

053 云山八角枫

Alangium kurzii var. **handelii** (Schnarf) Fang
八角枫科 Alangiaceae 八角枫属 Alangium

形态特征： 与原变种毛八角枫的区别在于本变种的叶为矩圆状卵形，稀椭圆形或卵形，边缘除近顶端有不明显的粗锯齿外，其余部分近全缘或略呈浅波状，长 11~19cm，幼时两面有毛，其后无毛。聚伞花序，有粗伏毛，药隔基部有粗伏毛，核果椭圆形。花期 5 月，果期 8 月。

分布与生境： 分布于华东、华中地区及贵州、广东、广西等地。生于海拔 1000m 以下的山地和疏林中。

应用价值： 材用树种；园林观赏树种。

054 云锦杜鹃 Rhododendron fortunei Lindl.
杜鹃花科 Ericaceae　杜鹃属 Rhododendron

形态特征： 常绿灌木或小乔木，高3~12m。小枝轮伞状分枝，粗壮，幼时具腺体。叶聚生枝顶，厚革质，长圆形至长圆状椭圆形，先端急尖或圆钝，具小尖头，基部宽楔形至微心形，无毛。顶生总状伞形花序疏松，有香味；花冠漏斗状钟形，粉红色，裂片7。蒴果长圆状卵形至长圆状椭圆形，褐色，有肋纹及腺体残迹。花期5~6月，果期10~11月。

分布与生境： 分布于浙江、安徽、江西、福建、湖南、广东、广西、贵州、四川等地。生于海拔600m以上的山坡、沟谷林中、林缘或山顶、山脊岗地灌草丛中。

应用价值： 树姿优美，花大艳丽，适作公园、绿地绿化观赏树种；杜鹃花种质资源；根、叶、花药用。

055 满山红 Rhododendron mariesii Hemsl. et E. H. Wilson
杜鹃花科 Ericaceae　杜鹃属 Rhododendron

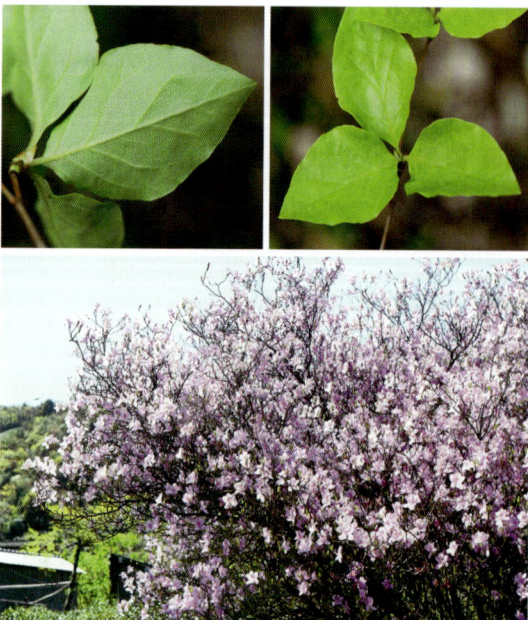

形态特征： 落叶灌木。小枝轮生，幼时被绢状柔毛，后脱落。叶常3片集生枝顶；叶片纸质，卵形、宽卵形或卵状椭圆形，先端急尖，基部圆钝，被脱落性绢状长毛或仅背面脉上有毛，中、侧脉在正面下陷。花1~2（3）朵簇生枝顶，花冠淡紫色或玫瑰红色。花期3~4月，果期9~10月。

分布与生境： 分布于长江下游各地，对气候适应性强，喜酸性土壤；耐干旱瘠薄。

应用价值： 优良的花灌木；杜鹃花种质资源。根、叶、花药用。

056 马银花　**Rhododendron ovatum** (Lindl.) Planch. ex Maxim.
杜鹃花科 Ericaceae　杜鹃属 Rhododendron

形态特征： 常绿灌木，高 1~4m。叶集生枝顶；叶片革质，卵形、卵圆形或椭圆状卵形，基部圆形，全缘。花数朵聚生于枝顶叶腋；花冠淡紫色，宽漏斗状，5 深裂，上方裂片内面有紫色斑点；雄蕊 5 枚。蒴果宽卵形。花期 4~5 月，果期 8~9 月。

分布与生境： 分布于江苏、安徽、浙江、江西、福建、台湾、湖北、湖南、广东、广西、四川和贵州。常生于山坡林中、林缘和荒坡灌丛中。

应用价值： 叶色光亮，花繁色艳，可作花灌木，或作花境、切花及盆栽观赏。

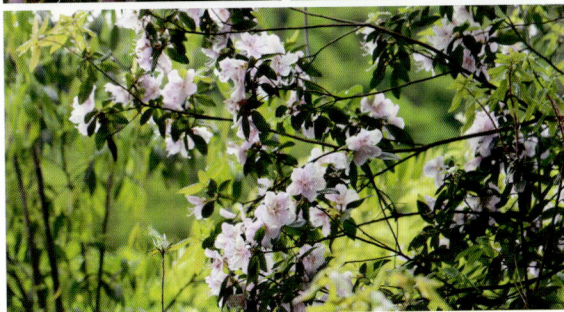

057 映山红　**Rhododendron simsii** Planch.
杜鹃花科 Ericaceae　杜鹃属 Rhododendron

形态特征： 落叶灌木，高达 3m。分枝多而纤细，密被亮棕褐色扁平糙伏毛。叶革质，常集生枝端，春叶椭圆状卵形，夏叶倒披针形，先端短渐尖，基部楔形或宽楔形，边缘微反卷，具细齿，背面淡白色，密被褐色糙伏毛。花 2~6 朵簇生枝顶，花冠阔漏斗形，鲜红色或暗红色。蒴果卵球形。花期 4~5 月，果期 6~8 月。

分布与生境： 分布于长江流域以南地区。生于海拔 50~1900m 的山地疏灌丛或松林下。

应用价值： 本种全株供药用，行气活血、补虚；花色鲜红，花期绵长，具有较高的观赏价值，适作花灌木。

058 老鼠矢

Symplocos stellaris Brand
山矾科 Symplocaceae　山矾属 Symplocos

形态特征： 常绿乔木，高 5~10m。小枝粗，髓心中空，具横隔；芽、嫩枝、嫩叶柄、苞片和小苞片均被红褐色茸毛。叶厚革质，披针状椭圆形或狭长圆状椭圆形，先端急尖或短渐尖，基部阔楔形或圆，通常全缘，中脉、侧脉和网脉在叶正面均凹下。密伞花序腋生，花冠白色。核果狭卵状圆柱形，核具 6~8 条纵棱。花期 4~5 月，果期 6 月。

分布与生境： 分布于长江以南地区。生于海拔 1100m 以下的山地、路旁、疏林中。

应用价值： 材用、油料树种；新叶及嫩枝密被淡紫色至紫红色长茸毛，具有观赏性。

059 白檀

Symplocos paniculata Nakai
山矾科 Symplocaceae　山矾属 Symplocos

形态特征： 落叶灌木或小乔木。嫩枝有灰白色柔毛，老枝无毛。叶膜质或薄纸质，阔倒卵形、椭圆状倒卵形或卵形，先端急尖或渐尖，基部阔楔形或近圆形，边缘有细尖锯齿，背面灰白色，网脉清晰。圆锥花序顶生，花冠白色，芳香。核果熟时蓝色，卵状球形，稍偏斜。花期 4~5 月，果期 6~8 月。

分布与生境： 分布于东北、华北、华中、华南、西南各地。生于海拔 760~2500m 的山坡、路边、疏林或密林中。

应用价值： 全株药用；根皮与叶作农药用。

060 小叶白辛树

Pterostyrax corymbosus Siebold et Zucc.

安息香科 Styracaceae　白辛树属 Pterostyrax

形态特征：落叶乔木，高 5~12m。叶互生；叶片卵状长圆形至椭圆形，顶端急渐尖或急尖，基部楔形或宽楔形，边缘有锐尖小锯齿。圆锥花序长达 15cm，下垂，花生于分枝一侧；花冠乳白色，5 深裂，芳香；雄蕊 5 长 5 短，花药黄色。核果倒卵状，具 4~5 狭翅。花期 4~5 月，果期 9~11 月。

分布与生境：分布于江苏、浙江、江西、湖南、福建、广东。生于山坡、沟谷阔叶林中或林缘。

应用价值：繁花如雪，芬芳四溢，可作园景树或行道树，也可用于湿地美化。

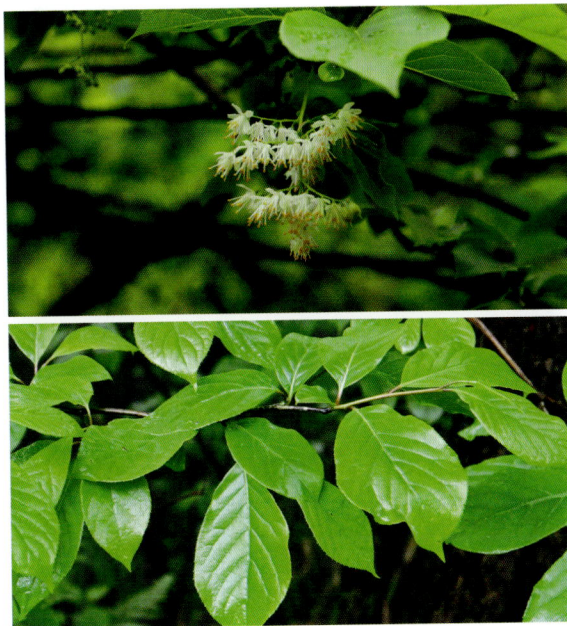

061 芬芳安息香

Styrax odoratissimus Champ. ex Benth.

安息香科 Styracaceae　安息香属 Styrax

形态特征：小乔木，高 4~10m。树皮灰褐色，不开裂。叶互生，薄革质至纸质，卵形或卵状椭圆形，顶端渐尖或急尖，基部宽楔形至圆形，边全缘或上部有疏锯齿，嫩时两面叶脉疏被星状短柔毛，以后脱落，成长叶正面仅中脉疏被星状毛。总状或圆锥花序，顶生，花白色。果实近球形，顶端骤缩而具弯喙，密被灰黄色星状茸毛。花期 3~4 月，果期 6~9 月。

分布与生境：分布于华东、华南、华中地区以及贵州。生于海拔 600~1600m 的阴湿山谷、山坡疏林中。

应用价值：木材坚硬，可作建筑、船舶、车辆和家具等用材；种子油供制肥皂和机械润滑油。

062 清香藤

Jasminum lanceolarium Roxb.
木犀科 Oleaceae 素馨属 Jasminum

形态特征：常绿攀缘灌木，高 10~15m。小枝圆柱形，节处稍压扁，光滑无毛或被短柔毛。叶对生或近对生，三出复叶，椭圆形或卵状披针形，叶片正面光亮，无毛或被短柔毛，背面光滑或疏被至密被柔毛，具凹陷的小斑点。复聚伞花序常排列呈圆锥状，顶生或腋生，花芳香，白色，高脚碟状。果球形或椭圆形，黑色，干时呈橘黄色。花期 4~10 月，果期 6 月至翌年 3 月。

分布与生境：分布于长江流域以南各地区以及台湾、陕西、甘肃。生于海拔600m 以下山坡、灌丛、山谷密林中。

应用价值：花可提取芳香油；藤、梗药用；叶浓绿光亮，花白色清香，是优良垂直绿化树种。

063 流苏树

Chionanthus retusus Lindl. et Paxt.
木犀科 Oleaceae 流苏树属 Chionanthus

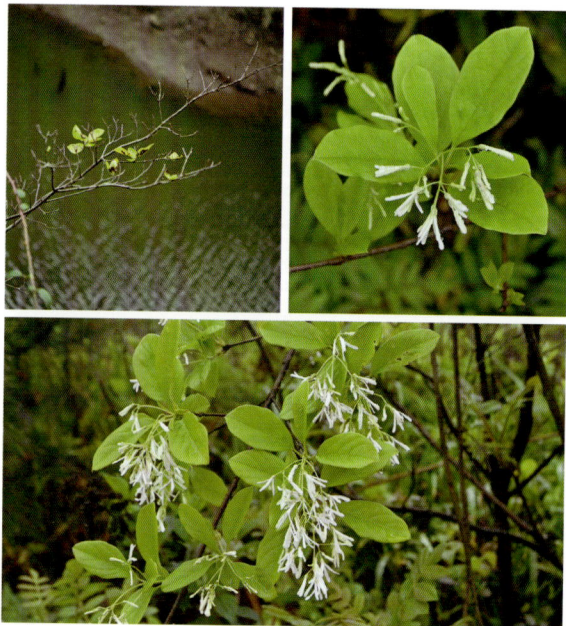

形态特征：落叶灌木或乔木，高可达20m。叶片革质或薄革质，长圆形或椭圆形，先端圆钝，全缘或有小锯齿，叶缘稍反卷，具睫毛，背面网脉凸起呈蜂窝状。聚伞状圆锥花序，顶生于枝端，花冠白色，4 深裂，裂片线状倒披针形。果椭圆形，被白粉，蓝黑色或黑色。花期 3~6 月，果期 6~11 月。

分布与生境：分布于华东、华中、华南、西南、华北地区。生于低山丘陵向阳山坡、沟谷疏林。

应用价值：花、嫩叶晒干可代茶，味香；果可榨芳香油；木材可制器具。

064 贵州娃儿藤

Tylophora silvestris Tsiang
萝藦科 Asclepiadaceae 娃儿藤属 Tylophora

形态特征： 攀缘灌木，茎灰褐色，节间长 8~9cm。叶近革质，长圆状披针形，顶端急尖，基部圆形，叶片除叶正面的中脉及基部的边缘外无毛，网脉不明显，边缘外卷。聚伞花序假伞形，腋生，花紫色。蓇葖果披针形，种子顶端具白色绢质种毛。花期 3~5 月，果期 5~8 月。

分布与生境： 分布于西南地区及江苏、安徽、浙江、江西、湖南、广东。生长于海拔 500m 以下的山地密林中及路旁旷野地。

应用价值： 药用植物，祛风止痛，破瘀消肿。

065 臭牡丹

Clerodendrum bungei Steud.
马鞭草科 Verbenaceae 大青属 Clerodendrum

形态特征： 落叶灌木，高 0.5~2m。植株有臭味，花序轴、叶柄密被褐色、黄褐色或紫色脱落性的柔毛，小枝近圆形，皮孔显著。叶片纸质，宽卵形或卵形，顶端尖或渐尖，基部宽楔形、截形或心形，边缘具粗或细锯齿，基部脉腋有数个盘状腺体。伞房状聚伞花序顶生，密集，花冠淡红色、红色或紫红色。核果近球形，成熟时蓝黑色。花果期 5~11 月。

分布与生境： 除东北地区外，分布遍布全国。生于海拔 2500m 以下的山坡、林缘、沟谷、路旁、灌丛润湿处。

应用价值： 根、茎、叶入药，有祛风解毒、消肿止痛之效；花絮紧密，色彩鲜艳，可作观花地被。

066 大青

Clerodendrum cyrtophyllum Turcz.
马鞭草科 Verbenaceae　大青属 Clerodendrum

形态特征: 落叶灌木。小枝髓白色,充实。叶对生,揉碎有臭味;叶片纸质,椭圆形、卵状椭圆形或长圆状披针形,先端渐尖或急尖,基部圆形或宽楔形,全缘(萌枝之叶常有锯齿),两面沿脉疏生短柔毛,侧脉 6~10 对。伞房状聚伞花序,总花梗细长;花萼 5 裂;花冠白色,5 裂。果球形至倒卵形,熟时蓝紫色。花期 7~8 月,果期 9~11 月。

分布与生境: 分布于长江以南地区。生于山坡、沟谷疏林下、林缘、灌丛中。

应用价值: 全株药用;嫩叶可蔬食,清香爽口,风味独特。

067 尖齿臭茉莉

Clerodendrum lindleyi Decne ex Planch.
马鞭草科 Verbenaceae　大青属 Clerodendrum

形态特征: 灌木,高 0.5~3m。叶片纸质,宽卵形或心形,表面散生短柔毛,背面有短柔毛,沿脉较密,基部脉腋有数个盘状腺体,叶缘有不规则锯齿或波状齿。伞房状聚伞花序密集,顶生,花冠紫红色或淡红色,裂片倒卵形。核果近球形,成熟时蓝黑色。花果期 6~11 月。

分布与生境: 分布于浙江、江苏、安徽、江西、湖南、广东、广西、贵州、云南。生于海拔 2300m 以下的山坡、沟边、杂木林或路边。

应用价值: 根、叶或全株药用,治妇女月经不调、风湿骨痛、骨折、中耳炎、毒疮、湿疹。

068 海州常山

Clerodendrum trichotomum Thunb.
马鞭草科 Verbenaceae　大青属 Clerodendrum

形态特征：落叶灌木或小乔木，高1.5~10m。叶片纸质，卵形或三角状卵形，顶端渐尖，基部宽楔形至截形，两面幼时被白色短柔毛，全缘或有时边缘具波状齿。伞房状聚伞花序顶生或腋生，通常二歧分枝，花香，花冠白色或带粉红色。核果近球形，成熟时外果皮蓝紫色。花果期6~11月。

分布与生境：分布于浙江、辽宁、甘肃、陕西以及华北、中南、西南地区。生于海拔2400m以下的山坡灌丛、沟谷溪边。

应用价值：全株药用，有祛风湿、清热利尿、止痛、降压之效；花序大而美丽，优良花灌木。

069 豆腐柴

Premna microphylla Turcz.
马鞭草科 Verbenaceae　豆腐柴属 Premna

形态特征：落叶灌木。幼枝有柔毛，后脱落。叶片纸质，揉之有气味和黏液，卵状披针形、椭圆形或卵形，先端急尖或渐尖，基部楔形或下延，边缘有疏锯齿至全缘。圆锥花序顶生；花淡黄色，顶端4浅裂，略呈二唇形。核果近球形，熟时紫黑色，有光泽。花期5~6月，果期7~9月。

分布与生境：分布于华东、华中、华南地区及四川、贵州。生于山坡林下或林缘。

应用价值：药用植物，清热解毒；嫩叶蔬食。

070　牡荆

Vitex negundo var. **cannabifolia** (Siebold et Zucc.) Hand.-Mazz.
马鞭草科 Verbenaceae　牡荆属 Vitex

形态特征： 落叶灌木或小乔木，小枝四棱形。叶对生，掌状复叶，小叶 5，少有 3；小叶片披针形或椭圆状披针形，顶端渐尖，基部楔形，边缘有粗锯齿，正面绿色，背面淡绿色，通常被柔毛。圆锥花序顶生，花冠淡紫色。果实近球形，黑色。花期 6~7 月，果期 8~11 月。

分布与生境： 分布于华东地区及河北、湖南、湖北、广东、广西、四川、贵州、云南。生于山坡路边灌丛中。

应用价值： 茎皮可造纸及制人造棉；茎叶治久痢；种子为清凉性镇静、镇痛药；根可以驱烧虫；花和枝叶可提取芳香油。

071　南方六道木

Abelia dielsii (Graebn.) Rehd.
忍冬科 Caprifoliaceae　六道木属 Abelia

形态特征： 落叶灌木，高 2~3m。当年小枝红褐色，老枝灰白色，枝节膨大。叶长卵形、矩圆形至披针形，顶端尖或长渐尖，基部楔形、宽楔形或钝，全缘或有 1~6 对齿牙，具缘毛，两对生叶柄基部扩大并联合。花 2 朵生于侧枝顶部叶腋，花梗极短或几无，花冠白色，后变浅黄色，4 裂，裂片圆，漏斗形，花冠筒圆柱形。果实长 1~1.5cm；种子柱状。花期 4~6 月，果熟期 8~9 月。

分布与生境： 分布于我国黄河以南地区。生于海拔 800~3700m 的山坡灌丛、路边林下及草地。

应用价值： 药用植物，具祛风湿之效。

072 浙江七子花

Heptacodium miconioides subsp. **jasminoides** (Airy Shaw) Z. H. Chen, X. F. Jin et P. L. Chiu

忍冬科 Caprifoliaceae　七子花属 Heptacodium

形态特征： 小乔木，株高可达 7m。有时呈丛生灌木状。树皮灰白色，长薄片状剥落；幼枝略呈四棱形，红褐色，疏被短柔毛。叶厚纸质，卵形或矩圆状卵形，先端长尾尖，基部钝圆或略呈心形，背面脉上有稀疏柔毛，三出脉近平行。聚伞状圆锥花序顶生；花白色，芳香；宿存萼紫红色，有明显的主脉。花期 6~7 月，果熟期 9~11 月。

分布与生境： 分布于浙江、安徽。生于海拔 400~800m 的沟谷溪边林下、乱石堆灌丛中。

应用价值： 树干苍劲，树形优美，夏季白花覆树，洁白芬芳，秋季果萼形如花朵，紫红艳丽，极具观赏价值，是优美的园林树种，也可制作树桩盆景。

073 郁香忍冬 Lonicera fragrantissima Lindl. et Paxton
忍冬科 Caprifoliaceae　忍冬属 Lonicera

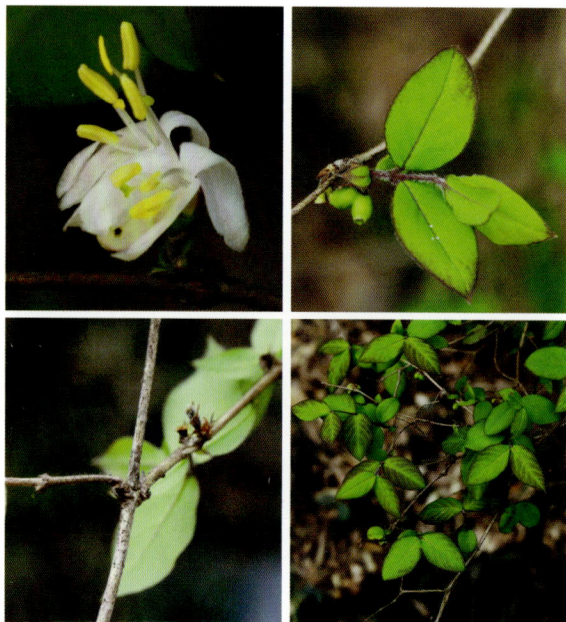

形态特征： 半常绿或有时落叶灌木，高达 2m。幼枝无毛或疏被倒刚毛，老枝灰褐色。叶厚纸质或革质，形态变异很大，从倒卵状椭圆形、椭圆形、圆卵形、卵形至卵状矩圆形，顶端短尖或具凸尖，基部圆形或阔楔形，两面无毛或仅背面中脉有少数刚伏毛。花先于叶或与叶同时开放，芳香，花冠白色或淡红色。果实鲜红色，种子褐色，稍扁，矩圆形。花期 2 月（中旬）~4 月，果熟期 4 月（下旬）~5 月。

分布与生境： 分布于河北、河南、湖北、安徽、浙江、江西。生于海拔 200~700m 山坡灌丛中。

应用价值： 适于林下、林缘栽培或作绿化矮墙。

074 倒卵叶忍冬 Lonicera hemsleyana (Kuntze) Rehder
忍冬科 Caprifoliaceae　忍冬属 Lonicera

形态特征： 落叶灌木或小乔木，高达 3（~4）m，冬芽卵形，顶钝。凡幼枝、叶两面脉上、叶柄、总花梗及苞片外面初时均散生腺毛，后变无毛。叶纸质，倒卵形、倒卵状矩圆形至椭圆状矩圆形，顶端常急尾尖，基部宽楔形、圆形或有时截形，背面或仅中脉疏生硬毛，边有长睫毛。花冠乳白色或淡黄色，后变黄色，唇形。果实红色，圆形。花期 4 月，果熟期 6 月。

分布与生境： 分布于浙江、安徽。生于海拔 900~1500m 溪涧杂木林中或山坡灌丛中。

应用价值： 枝叶扶疏，花芬芳，适作园林观赏树种。

075 下江忍冬

Lonicera modesta Rehd.
忍冬科 Caprifoliaceae　忍冬属 Lonicera

形态特征： 落叶灌木，高达 2m，幼枝、叶柄和总花梗密被短柔毛。叶厚纸质，菱状椭圆形至圆状椭圆形、菱状卵形或宽卵形，顶端钝圆，具短凸尖或凹缺，基部渐狭、圆形或近截形，有短缘毛，正面仅中脉和侧脉有短柔毛，背面网脉明显，全被短柔毛。花成对腋生，花冠白色，基部微红，后变黄色。浆果，相邻两果实几全部合生，由橘红色转为红色。花期 5 月，果熟期 9~10 月。

分布与生境： 分布于安徽、江西、浙江、湖北、湖南。生于海拔 500~1300m 的杂木林下或灌丛中。

应用价值： 果实鲜红透亮，寓意吉祥，是优良观赏树种。

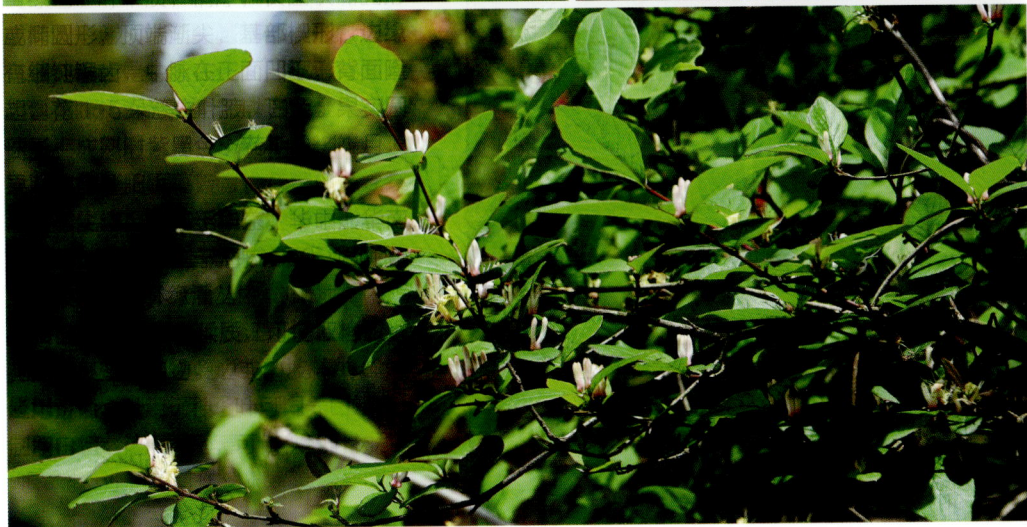

076 荚蒾 *Viburnum dilatatum* Thunb.
忍冬科 Caprifoliaceae　荚蒾属 Viburnum

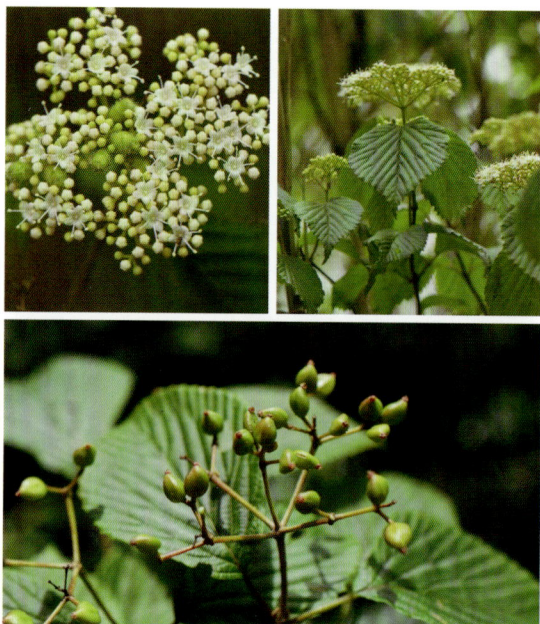

形态特征： 落叶灌木，高 1.5~3m，幼枝、芽、叶柄和花序均被开展粗毛或星状毛。叶对生，纸质，宽倒卵形、倒卵形、或宽卵形，顶端急尖，基部圆形至钝形或微心形，边缘有牙齿状锯齿，齿端突尖，正面被叉状或简单伏毛，背面被带黄色叉状或簇状毛，脉腋集聚簇状毛。复伞形聚伞花序稠密，花白色。果实红色，椭圆状卵圆形。花期 5~6 月，果熟期 9~11 月。

分布与生境： 分布于长江流域以南地区。生于海拔 100~1000m 的山坡或山谷疏林下，林缘及山脚灌丛中。

应用价值： 果实、根、枝、叶入药，具消食、活血、止痛、清热解毒、疏风解表之效；韧皮纤维可制绳和人造棉；种子含油，可制肥皂和润滑油；果可食，亦可酿酒。

077 宜昌荚蒾 *Viburnum erosum* Thunb.
忍冬科 Caprifoliaceae　荚蒾属 Viburnum

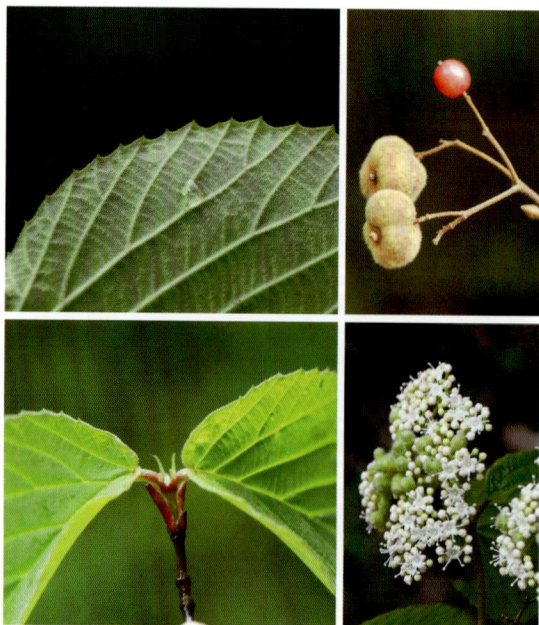

形态特征： 落叶灌木，高达 3m，当年小枝连同芽、叶柄和花序均密被簇状短毛。叶纸质，卵状披针形、卵状矩圆形、狭卵形、椭圆形或倒卵形，边缘有波状小尖齿，正面无毛或疏被叉状或簇状短伏毛，背面密被由簇状毛组成的茸毛，近基部两侧有少数腺体。复伞形聚伞花序生于具 1 对叶的侧生短枝之顶，花冠白色，辐射状。果实红色，宽卵圆形。花期 4~5 月，果熟期 8~10 月。

分布与生境： 分布于华东、华中、华南、西南地区。生于海拔 300~1500m 的山坡林下或灌丛中。

应用价值： 种子含油约 40%，供制肥皂和润滑油；茎皮纤维可制绳索及造纸；根、叶、果药用，有清热、祛风除湿、止痒之效；春季花白，秋季果红叶艳，观赏价值高。

078 尖叶菝葜 *Smilax arisanensis* Hayata
百合科 Liliaceae　菝葜属 Smilax

形态特征： 攀缘灌木，具粗短的根状茎。茎长可达 10m，无刺或具疏刺。叶纸质，矩圆形、矩圆状披针形或卵状披针形，先端渐尖或长渐尖，基部圆形，干后常带古铜色。伞形花序或生于叶腋，或生于披针形苞片的腋部，花序托不膨大，花绿白色。浆果球形，熟时紫黑色。花期 4~5 月，果期 10~11 月。

分布与生境： 分布于华东、西南地区及江西、福建、广东、广西。生于海拔 1500m 以下的林中、灌丛下或山谷溪边荫蔽处。

应用价值： 根状茎入药，具清湿热、强筋骨之效。

079 华东菝葜 *Smilax sieboldii* Miq.
百合科 Liliaceae　菝葜属 Smilax

形态特征： 攀缘灌木或半灌木，具粗短的根状茎。茎长 1~2m，小枝常带草质，干后稍凹瘪，一般有刺，刺多半细长，针状，稍黑色。叶草质，卵形，先端长渐尖，基部常截形，叶柄约占一半具狭鞘，有卷须，脱落点位于上部。伞形花序具几朵花；总花梗纤细，花序托不膨大；花绿黄色。浆果球形，熟时蓝黑色。花期 5~6 月，果期 10 月。

分布与生境： 分布于华东地区及辽宁。生于海拔 1800m 以下的林下、灌丛中或山坡草丛中。

应用价值： 根状茎入药，具清湿热、强筋骨之效。

2 观果植物

080 香榧

Torreya grandis Fort. ex Lindl. 'Merrilii Group'
红豆杉科 Taxaceae　榧树属 Torreya

形态特征： 常绿乔木，嫁接树，高达20m，干基高30~60cm，径达1m，其上有3~4个斜上伸展的香榧树干。小枝下垂，一、二年生小枝绿色，三年生枝呈绿紫色或紫色。叶深绿色，质较软。种子连肉质假种皮宽矩圆形或倒卵圆形，长3~4cm，径1.5~2.5cm，有白粉，干后暗紫色，有光泽，顶端具短尖头；种子矩圆状倒卵形或圆柱形，微有纵浅凹槽，基部尖，胚乳微内皱。

分布与生境： 分布于江苏、浙江、安徽、江西、福建、湖北、湖南、四川、贵州、云南。生于海拔400~800m的山坡、沟谷林中。

应用价值： 种子经炒熟后味美香酥；种子油可食用；亦可制润滑剂和制蜡。

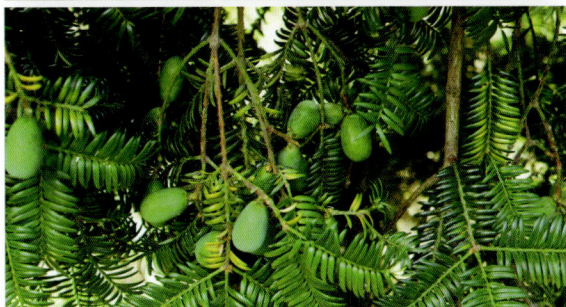

081 杨梅

Myrica rubra (Lour.) Siebold et Zucc.
杨梅科 Myricaceae　杨梅属 Myrica

形态特征： 常绿乔木，高可达15m。树皮灰色，老时纵向浅裂。叶革质，无毛，生存至2年脱落，常密集于小枝上端部分，长椭圆状或楔状披针形，顶端渐尖或急尖，边缘中部以上具稀疏的锐锯齿，中部以下常为全缘，基部楔形，背面被有稀疏的金黄色腺体。花雌雄异株。核果球状，外表面具乳头状凸起，成熟时深红色或紫红色。花期3~4月，果期6~7月。

分布与生境： 分布于长江以南地区。生于海拔125~1500m的山坡或山谷林中。

应用价值： 我国江南的著名水果；树皮富于单宁，可用作赤褐色染料及医药上的收敛剂；叶可提取芳香油。

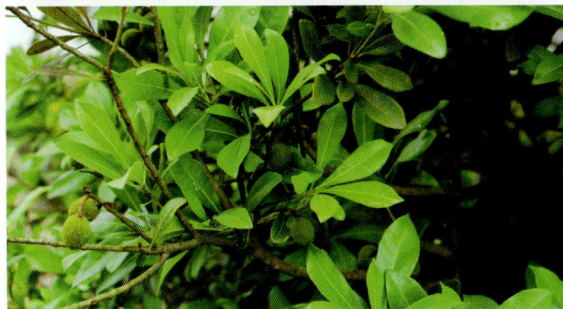

082 短柄榛

Corylus heterophylla var. brevipes (W. J. Liang) K. Ye et M. B. Deng 桦木科 Betulaceae 榛属 Corylus

形态特征： 落叶灌木。小枝及叶柄密生腺毛和短柔毛。叶互生，叶片椭圆形至近圆形，先端急尖或短尾尖，基部心形，缘有不规则重锯齿，叶柄5~12mm。雄花序单生，花药红色。坚果近球形，淡褐色至黄褐色，花期3月，果期9~10月。

分布与生境： 分布于江苏、浙江、江西、湖南。生于海拔1000m以上的落叶阔叶林及灌丛中。

应用价值： 药用植物。

083 锥栗

Castanea henryi (Skan) Rehder et E. H. Wilson
壳斗科 Fagaceae 栗属 Castanea

形态特征： 落叶大乔木，高达30m，小枝暗紫褐色。叶长圆形或披针形，顶部长渐尖至尾状长尖，基部圆或宽楔形，一侧偏斜，两面无毛，叶缘的裂齿有线状长尖。雌雄异序，雌花序生于小枝上部叶腋，雄花序生于小枝下部叶腋。成熟壳斗近圆球形，密生分枝刺，坚果红褐色，先端尖，顶部有伏毛。花期5~7月，果期9~10月。

分布与生境： 分布于长江流域以南至南岭以北的广大地区。生于海拔100~1800m的丘陵与山地，常见于落叶或常绿的混交林中。

应用价值： 本种是高大乔木，树干挺直，生长迅速，属优良速生树种；具药用价值，有活血止血、补肾强筋、养胃健脾之效。

084 茅栗 **Castanea seguinii** Dode
壳斗科 Fagaceae 栗属 Castanea

形态特征： 小乔木或灌木状，通常高2~5m。小枝暗褐色，托叶细长，开花仍未脱落。叶倒卵状椭圆形，顶部渐尖，基部楔尖（嫩叶）至圆或耳垂状（成长叶），基部对称至一侧偏斜，背面有黄或灰白色鳞腺。雄花序长5~12cm，雄花簇有花3~5朵；雌花单生或生于混合花序的花序轴下部，每壳斗有雌花3~5朵，通常1~3朵发育结实；壳斗外壁密生锐刺。坚果无毛或顶部有疏伏毛。花期5~7月，果期9~11月。

分布与生境： 广布于大别山以南、五岭南坡以北各地。生于海拔400~2000m丘陵山地，较常见于山坡灌木丛中，与阔叶常绿或落叶树混生。

应用价值： 果较小，但味较甜；根入药，清热解毒。

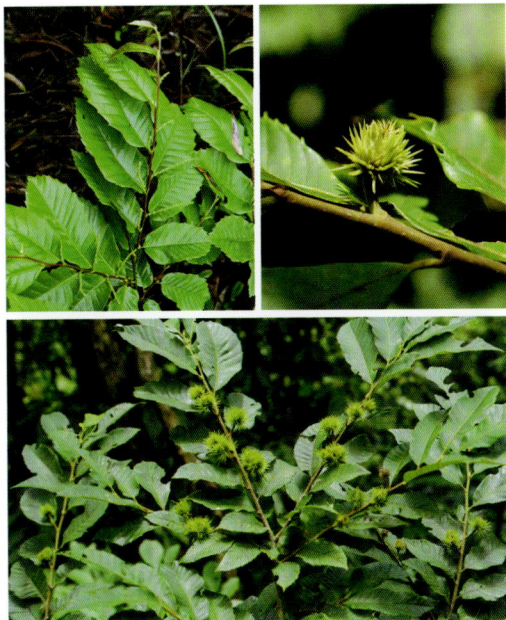

085 小叶栎 **Quercus chenii** Nakai
壳斗科 Fagaceae 栎属 Quercus

形态特征： 落叶乔木，高达30m，树皮黑褐色，纵裂。叶片宽披针形至卵状披针形，顶端渐尖，基部圆形或宽楔形，略偏斜，叶缘具刺芒状锯齿，幼时被黄色柔毛，侧脉每边12~16条。雄花序长4cm，花序轴被柔毛。壳斗杯形，包着坚果约1/3，壳斗上部的小苞片线形，直伸或反曲；中部以下的小苞片为长三角形，紧贴壳斗壁，被细柔毛。坚果椭圆形，顶端有微毛，果脐微凸起。花期3~4月，果期翌年9~10月。

分布与生境： 分布于江苏、安徽、浙江、江西、福建、河南、湖北、四川等地区。生于海拔600m以下的丘陵地区，成小片纯林或与其他落叶阔叶树组成混交林。

应用价值： 材用植物，边材淡红色，心材浅褐色。

086 紫弹树 *Celtis biondii* Pamp.
榆科 Ulmaceae　朴属 Celtis

形态特征: 落叶小乔木至乔木,高达18m,树皮暗灰色。叶宽卵形、卵形至卵状椭圆形,基部钝至近圆形,稍偏斜,先端渐尖至尾状渐尖,在中部以上疏具浅齿,薄革质,边稍反卷,正面脉纹多下陷。托叶条状披针形,被毛,比较迟落。果序单生叶腋,通常具2果;核果橙红色,近球形,果柄长为叶柄的2倍以上。花期4~5月,果期9~10月。

分布与生境: 分布于黄河流域以南。多生于海拔50~2000m山地灌丛或杂木林中,可生于石灰岩上。

应用价值: 树荫浓郁,可作园林绿化树种。

087 黑弹树 *Celtis bungeana* Blume
榆科 Ulmaceae　朴属 Celtis

形态特征: 落叶乔木,高达10m。树皮灰色或暗灰色,当年生小枝淡棕色,无毛,散生椭圆形皮孔。叶厚纸质,狭卵形、长圆形、卵状椭圆形至卵形,基部宽楔形至近圆形,稍偏斜至几乎不偏斜,先端尖至渐尖,中部以上疏具不规则浅齿,有时一侧近全缘,无毛;叶柄淡黄色,正面有沟槽,幼时槽中有短毛。果单生叶腋,果柄较细软,果成熟时蓝黑色,近球形。花期4~5月,果期10~11月。

分布与生境: 分布于华东、华中、西南地区及陕西。多生于石灰岩丘陵山坡林中。

应用价值: 冠大荫浓,适作园林绿化树种。

088 藤葡蟠 Broussonetia kaempferi var. **Australis** Suzuki
桑科 Moraceae　构属 Broussonetia

形态特征： 蔓生藤状灌木，树皮黑褐色，枝叶具乳汁。叶互生、螺旋状排列，先端渐尖至尾尖，基部心形或截形，边缘锯齿细，齿尖具腺体，不裂，表面无毛，稍粗糙。花雌雄异株，雄花序短穗状，雄花花被片 4~3，裂片外面被毛，花药黄色，椭圆球形；雌花集生为球形头状花序。聚花果球形，红色。花期 4~6 月，果期 5~7 月。

分布与生境： 分布于长江流域以南。多生于海拔 308~1000m，山谷灌丛中或沟边山坡路旁。

应用价值： 全株药用；韧皮纤维为造纸优良原料。

089 小构树 Broussonetia kazinoki Siebold et Zucc.
桑科 Moraceae　构属 Broussonetia

形态特征： 灌木，高 0.5~3m，小枝无毛。叶常对生，革质，无毛，倒披针形至长圆形，先端具短尖，基部楔形至宽楔形，叶正面绿色，背面白绿色，侧脉在正面较明显，与中肋成尖角，在背面不明显。总状花序单生、顶生或腋生，花梗短，无毛，具关节；花黄色。聚花果小，圆柱形。花期 4~5 月，果期 5~6 月。

分布与生境： 分布于黄河流域、珠江流域、长江流域。常见于海拔 1900~2900m 的干燥山坡及灌丛中。

应用价值： 药用植物；果可生食；树皮为造纸原料。

090 爬藤榕 Ficus impressa Champ. ex Benth.
桑科 Moraceae　榕属 Ficus

形态特征： 藤状匍匐灌木。叶革质，披针形，长4~7cm，宽1~2cm，先端渐尖，基部钝，背面白色至浅灰褐色，侧脉6~8对，网脉明显。榕果成对腋生或生于落叶枝叶腋，球形，直径7~10mm，幼时被柔毛。花期4~5月，果期6~7月。

分布与生境： 分布于华东、华南、西南地区。常攀缘在岩石斜坡树上或墙壁上。

应用价值： 枝叶繁茂，供边坡、裸岩绿化。

091 葨芝 Maclura cochinchinensis (Lour.) Corner
桑科 Moraceae　橙桑属 Maclura

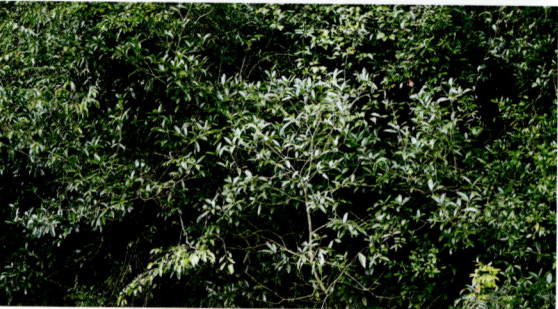

形态特征： 直立或攀缘状灌木，枝无毛，具粗壮弯曲无叶的腋生刺。叶革质，椭圆状披针形或长圆形，全缘，先端钝或短渐尖，基部楔形，两面无毛，侧脉7~10对。花雌雄异株，雌雄花序均为具苞片的球形头状花序。聚合果肉质，表面微被毛，成熟时橙红色。花期4~5月，果期6~7月。

分布与生境： 分布于我国中部和南部地区。多生于沟谷、溪边、乱石堆灌丛或山坡湿润林下。

应用价值： 常作绿篱用；木材煮汁可作染料；茎皮及根皮药用。

092 柘 **Maclura tricuspidata** Carrière
桑科 Moraceae 橙桑属 Maclura

形态特征： 落叶灌木或小乔木，高1~7m。树皮灰褐色，小枝无毛，略具棱，有棘刺。叶互生，卵形或菱状卵形，先端渐尖，基部楔形至圆形，正面深绿色，背面绿白色，无毛或被柔毛。雌雄异株，球形头状花序，单生或成对腋生。聚花果近球形，肉质，成熟时橘红色。花期5~6月，果期6~7月。

分布与生境： 分布于华北、华东、中南、西南地区。生于海拔500~1500m的山地或林缘。

应用价值： 茎皮纤维可以造纸；根皮药用，有清热、凉血、通络之效；嫩叶可以养幼蚕；果可生食或酿酒；木材心部黄色，质坚硬细致可作家具；良好的绿篱树种。

093 华桑 **Morus cathayana** Hemsl
桑科 Moraceae 桑属 Morus

形态特征： 小乔木或灌木状。树皮灰白色，平滑。叶厚纸质，广卵形或近圆形，先端渐尖或短尖，基部心形或截形，略偏斜，边缘具疏浅锯齿或钝锯齿，表面粗糙，疏生短伏毛，基部沿叶脉被柔毛，背面密被白色柔毛。花雌雄同株异序，雄花花被片黄绿色，长卵形，外面被毛；雌花花被片倒卵形，先端被毛。聚花果圆筒形，成熟时白色、红色或紫黑色。花期4~5月，果期5~6月。

分布与生境： 分布于河北、山东、河南、江苏、陕西、湖北、安徽、浙江、湖南、四川等地。常生于海拔900~1300m的向阳山坡或沟谷，性耐干旱。

应用价值： 枝叶茂密，秋叶金黄，适作园林绿化树种。

094 青皮木 — Schoepfia jasminodora Siebold et Zucc.

铁青树科 Olacaceae 青皮木属 Schoepfia

形态特征：落叶小乔木或灌木，高3~14m。树皮灰褐色，具短枝，新枝自去年生短枝上抽出，嫩时红色。叶纸质，卵形或长卵形，顶端近尾状或长尖，基部圆形，全缘，黄绿色，侧脉每边4~5条，略呈红色，叶柄红色。聚伞形总状花序生于新枝叶腋，下垂，花冠钟形，白色或浅黄色。核果椭圆形，成熟时由绿转黄再变红色，最后呈紫黑色。花叶同放。花期3~5月，果期4~6月。

分布与生境：分布于长江以南各地。生于500~1000m的山谷、沟边、山坡、路旁的密林或疏林中。

应用价值：根入药，能治骨折；种子榨油，供工业用；优良观叶植物，春叶观赏期3~4月，秋叶观赏期9~10月。

095 三叶木通 — Akebia trifoliata (Thunb.) Koidz.

木通科 Lardizabalaceae 木通属 Akebia

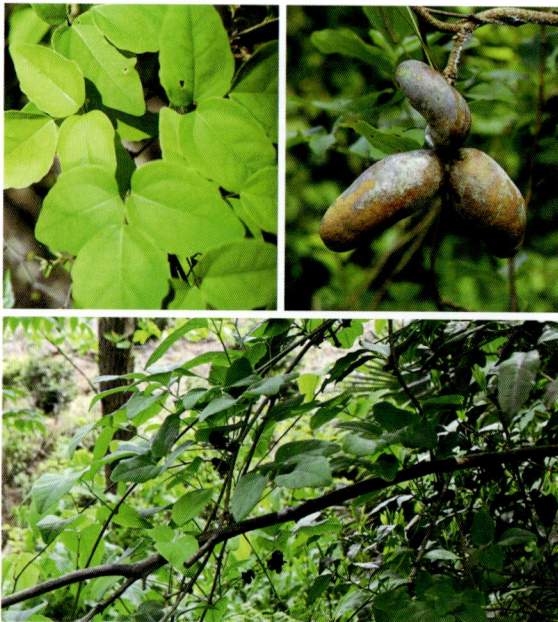

形态特征：落叶木质藤本。掌状复叶互生，小叶3枚；小叶片纸质，卵形，中央者较大，边缘具不规则波状圆齿。总状花序；花单性，淡紫色。肉质蓇葖果浆果状，单一或2~5个聚生，椭圆形或长椭圆形，熟时黄褐色，粗糙，沿腹缝开裂。种子黑色，多数。花期5月，果期9~10月。

分布与生境：分布于华东、华中、华南、西北及山西南部。多生于荒野、山坡疏林中，常攀附于树上、岩石上。

应用价值：果味清甜可口，可鲜食或加工成果汁、果冻、果酱、饮料；果、根、茎、藤皆可入药；花美果奇，可用作藤廊。

096 大血藤

Sargentodoxa cuneata (Oliv.) Rehder et E. H. Wilson
木通科 Lardizabalaceae 大血藤属 Sargentodoxa

形态特征：落叶木质藤本，长达到 10m 余。全株无毛，当年枝条暗红色，老树皮有时纵裂。三出复叶互生，小叶革质，顶生小叶近棱状倒卵圆形，先端急尖，基部渐狭成短柄，全缘，侧生小叶斜卵形，先端急尖，基部两侧不对称。总状花序，雄花与雌花同序或异序，花黄色。聚合果近球形，浆果多数，成熟时黑蓝色。花期 4~5 月，果期 6~9 月。

分布与生境：分布于长江流域以南及河南、陕西地区。常见于海拔数百米的山坡灌丛、疏林和林缘等。

应用价值：根及茎均可供药用，有通经活络、散瘀止痛、理气行血、杀虫等功效；茎皮含纤维，可制绳索；枝条可为藤条代用品。

097　天台小檗　**Berberis lempergiana** Ahrendt
小檗科 Berberidaceae　小檗属 Berberis

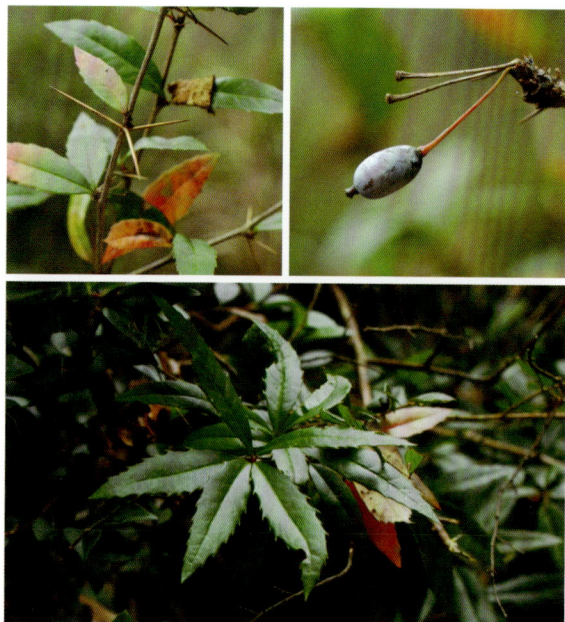

形态特征：常绿灌木，高 1~2m。老枝深灰色，具稀疏黑色疣点。叶革质，长圆状椭圆形或披针形，先端渐尖，基部楔形，叶正面亮深绿色，中脉凹陷，背面淡绿色，中脉明显隆起，不被白粉，叶缘平展，每边具 5~12 细小刺齿。花 3~7 朵簇生，花梗带红色，花黄色，小苞片卵形，红色。浆果长圆状椭圆形或椭圆形，熟时深紫色。花期 4~5 月，果期 7~10 月。

分布与生境：主要分布于浙江。生于海拔 1000m 以上的山坡林下、林缘、灌丛中或山谷溪边。

应用价值：民间以其根皮及茎内皮代黄檗用，具抗菌消炎之效，用于治疗急性肝炎、胆囊炎、痢疾等症。

098　木防己　**Cocculus orbiculatus** (L.) DC.
防己科 Menispermaceae　木防己属 Cocculus

形态特征：缠绕性落叶藤本，小枝被茸毛至疏柔毛，有条纹。叶片纸质至近革质，宽卵形或卵状椭圆形，顶端短尖或钝而有小凸尖，叶边全缘或 3 裂，有时掌状 5 裂，两面被密柔毛至疏柔毛；掌状脉 3 条，在背面微凸起；叶柄被稍密的白色柔毛。聚伞花序少花，顶生或腋生。核果近球形，熟时蓝黑色。花期 5~6 月，果期 7~9 月。

分布与生境：分布于华东、中南、西南地区以及河北、辽宁、陕西等地。生于灌丛、村边、林缘等处。

应用价值：纤维植物；可供药用。

099 披针叶茴香

Illicium lanceolatum A. C. Smith
木兰科 Magnoliaceae　八角属 Illicium

形态特征：灌木或小乔木，高 3~10m。枝条纤细，全体无毛，枝叶揉碎具香气。叶互生，革质，披针形或椭圆状倒披针形，先端尾尖或渐尖，基部窄楔形，全缘，中脉在叶正面微凹陷，叶背面稍隆起，网脉不明显。花单朵腋生或近顶生，红色，肉质。聚合果有蓇葖 10~13 枚。花期 4~6 月，果期 8~10 月。

分布与生境：分布于江苏（南部）、安徽、浙江、江西、福建。生于混交林、疏林、灌丛中，常生于海拔 300~1500m 的阴湿狭谷和溪流沿岸。

应用价值：果和叶有强烈香气，可提取芳香油；根和根皮有毒，入药可祛风除湿、散瘀止痛，取鲜根皮加酒捣烂敷患处，治跌打损伤、风湿性关节炎；果实有毒，不可作八角茴香使用。

100 南五味子

Kadsura japonica (L.) Dunal
木兰科 Magnoliaceae　南五味子属 Kadsura

形态特征：常绿藤本，全株无毛。叶互生，叶片薄革质，椭圆状倒披针形或椭圆形，先端渐尖，基部楔形，叶缘有疏齿。雌雄异株，花单生叶腋，白色或淡黄色，芳香。聚合果球形，径 1.5~3.5cm，小果为浆果，熟时深红色至暗紫色。花期 6~9 月，果期 9~12 月。

分布与生境：分布于长江以南地区。多生于山坡、溪谷两旁的林缘或灌丛中。

应用价值：果实味微甜，可鲜食；根、茎、叶、果实均可入药，果具滋补强壮、宁神、敛汗、固精等功效；可供观赏，宜作花廊、花架、盆栽等。

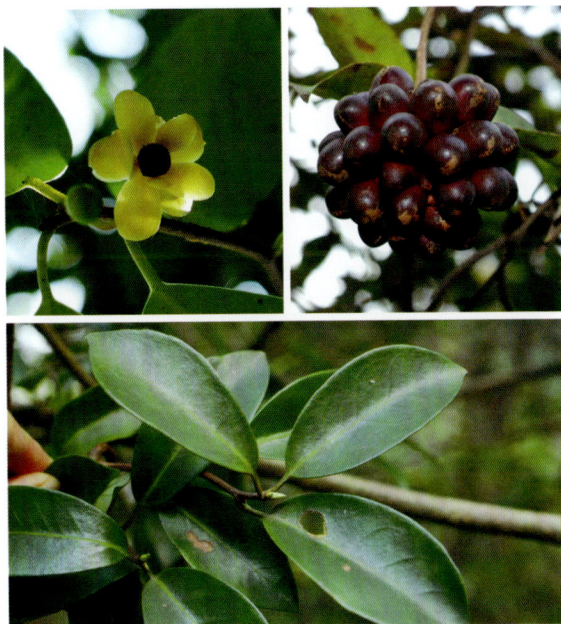

101 大果山胡椒 *Lindera praecox* (Siebold et Zucc.) Blume
樟科 Lauraceae　山胡椒属 Lindera

形态特征： 落叶灌木，高可达 4m，树皮黑灰色。幼枝条纤细，灰青色，多皮孔。叶互生，卵形或椭圆形，先端渐尖，基部宽楔形，正面深绿色，背面淡绿色，无毛，羽状脉，正面稍凹，背面明显凸起，叶冬天枯黄不落，至翌年发叶时落下。伞形花序生于叶芽两侧各一，红色，内有花 5 朵，总花梗无毛，花梗密被白色柔毛。果球形，熟时黄褐色。花期 3 月，果期 9 月。

分布与生境： 分布于华东、华中地区。生于低山、山坡灌丛中。

应用价值： 叶、果供化工用；适作园林观赏植物。

102 红脉钓樟 *Lindera rubronervia* Gamble
樟科 Lauraceae　山胡椒属 Lindera

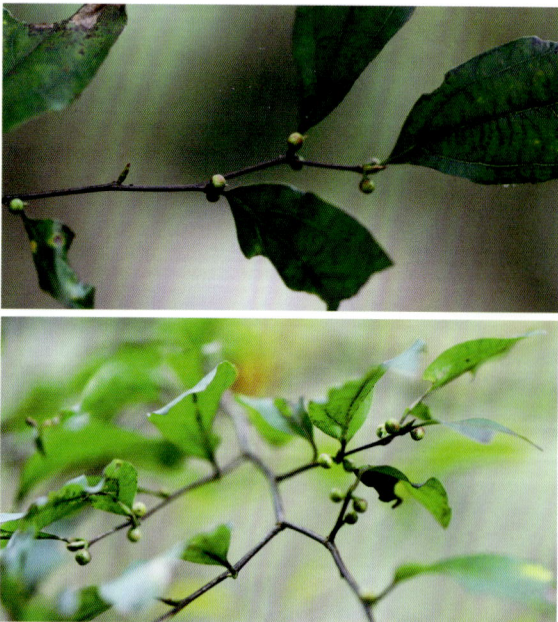

形态特征： 落叶灌木或小乔木，高可达 5m。树皮黑灰色，有皮孔。幼枝条灰黑或黑褐色，平滑。叶互生，卵形，狭卵形，先端渐尖，基部楔形，纸质，正面深绿色，沿中脉疏被短柔毛，背面淡绿色，被柔毛，离基三出脉，脉和叶柄秋后变为红色，叶柄被短柔毛。伞形花序腋生，通常 2 个花序着生于叶芽两侧，花黄色，先叶开放至与叶同放。果近球形，熟时紫黑色。花期 3~4 月，果期 8~9 月。

分布与生境： 分布于华东、华中地区。生于海拔 700m 以下的山坡林下、溪边或山谷中。

应用价值： 叶及果皮可提取芳香油；春叶紫红，秋叶色彩斑斓，适作园林景观树。

103 豹皮樟   *Litsea coreana* var. *Sinensis* (Allen) Yen C. Yang et P. H. Huang

樟科 Lauraceae   木姜子属 Litsea

形态特征： 常绿乔木，高达 16m。树皮灰白至灰褐色，呈不规则块片状脱落，露出灰白色疤痕。单叶互生，叶片长圆形至披针形，先端急尖，基部楔形，正面深绿色，有光泽，背面灰白色，中脉在背面隆起。伞形花序腋生，花淡黄色。果实近球形，熟时紫黑色。花期 8~9 月，果期翌年 6~8 月。

分布与生境： 分布于华东、华中地区。生于海拔 900m 以下的山地杂木林中。

应用价值： 果实与树皮入药可治水肿；木材纹理美观，结构细致，可制作工艺品；园林中可孤植、群植或密植成篱，观赏期 3~4 月。

104 紫楠   *Phoebe sheareri* (Hemsl.) Gamble

樟科 Lauraceae   楠属 Phoebe

形态特征： 大灌木至乔木，高 5~15m，树皮灰白色。小枝、叶柄及花序密被黄褐色或灰黑色柔毛或茸毛。叶革质，倒卵形、椭圆状倒卵形或阔倒披针形，先端突渐尖或突尾状渐尖，基部渐狭，正面完全无毛或沿脉上有毛，背面密被黄褐色长柔毛，中脉和侧脉在正面下陷，侧脉每边 8~13 条，叶缘不反卷。圆锥花序，花浅黄色。果卵形，熟时黑色，外面无白粉。花期 4~5 月，果期 9~10 月。

分布与生境： 分布于长江流域及以南地区。多生于海拔 1000m 以下的山地阔叶林中。

应用价值： 木材纹理直，结构细，质坚硬，耐腐性强，可作建筑、造船、家具等用材。

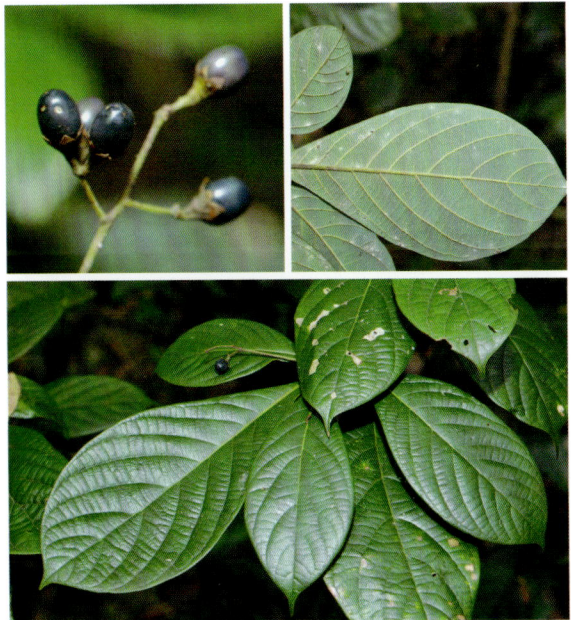

105 海金子

Pittosporum illicioides Makino
海桐花科 Pittosporaceae　海桐花属 Pittosporum

形态特征： 常绿灌木，高达 5m。嫩枝无毛，老枝有皮孔。叶生于枝顶，3~8 片簇生呈假轮生状，薄革质，倒卵状披针形或倒披针形，先端渐尖，基部窄楔形，常向下延，正面深绿色，干后仍发亮，背面浅绿色，无毛。伞形花序顶生，花瓣淡黄色。蒴果近圆形，果瓣薄革质，种子红色。花期 4~5 月，果期 6~11 月地区。

分布与生境： 分布于华东、华中及西南地区。生于山沟溪边、林下岩石旁及山坡阔叶林中。

应用价值： 叶色亮绿，果实开裂后种子红艳，可供园林观赏；茎皮纤维可制纸；根、叶、种子可入药。

106 湖北山楂

Crataegus hupehensis Sarg.
蔷薇科 Rosaceae　山楂属 Crataegus

形态特征： 落叶乔木或灌木，高 3~5m。枝条开展，刺少，直立，小枝圆柱形，无毛，紫褐色，有疏生浅褐色皮孔。叶片卵形至卵状长圆形，先端短渐尖，基部宽楔形或近圆形，边缘有圆钝锯齿，上半部具 2~4 对浅裂片。伞房花序，具多花，花白色。果实近球形，熟时深红色，有斑点。花期 5~6 月，果期 8~9 月。

分布与生境： 分布于华东、华中地区及陕西、山西、河南、四川。生于海拔 500~2000m 的山坡灌木丛中。

应用价值： 果可食或作山楂糕及酿酒；可药用，有破气散瘀、消极化痰之功效；果实满树，新叶亮丽，可作园林观赏树。

107 野山楂

Crataegus cuneata Siebold et Zucc.
蔷薇科 Rosaceae　山楂属 Crataegus

形态特征： 落叶灌木，高达 15m。分枝密，通常具细刺。叶片宽倒卵形至倒卵状长圆形，先端急尖，基部楔形，下延连于叶柄，边缘有不规则重锯齿，顶端常有 3 或稀 5~7 浅裂片，背面具稀疏柔毛，沿叶脉较密，以后脱落，叶脉显著。伞房花序，花白色。梨果近球形或扁球形，红色或黄色。花期 5~6 月，果期 9~11 月。

分布与生境： 分布于华东、华南、西南地区。生于海拔 250~2000m 的山谷、多石湿地或山地灌木丛中。

应用价值： 果可药用，有健胃、消积化滞之效；嫩叶可代茶；茎叶煮汁可洗漆疮。

108 腺叶桂樱

Laurocerasus phaeosticta (Hance) Schneid.
蔷薇科 Rosaceae　桂樱属 Laurocerasus

形态特征： 常绿灌木或小乔木，高4~12m。小枝暗紫褐色，具稀疏皮孔，无毛。叶片近革质，狭椭圆形、长圆形或长圆状披针形，先端长尾尖，基部楔形，叶边全缘，两面无毛，背面散生黑色小腺点，基部近叶缘常有 2 枚较大扁平基腺，侧脉 6~10 对，在正面稍凸起，背面明显突出。总状花序单生于叶腋，具花数朵至 10 余朵，花瓣近圆形，白色。果实近球形或横向椭圆形，紫黑色。花期 4~5 月，果期 7~10 月。

分布与生境： 分布于湖南、江西、浙江、福建、台湾、广东、广西、贵州、云南。生于海拔 300~2000m 的疏密杂木林内或混交林中，也见于山谷、溪旁或路边。

应用价值： 适作园林观赏植物。

109 中华石楠

Photinia beauverdiana Schneid.
蔷薇科 Rosaceae　石楠属 Photinia

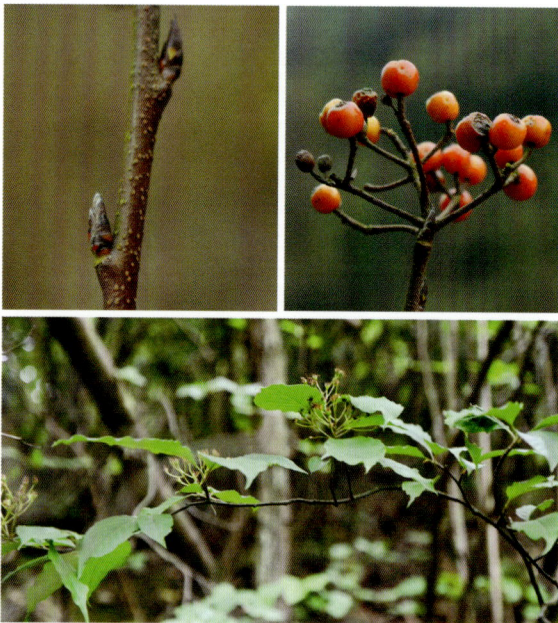

形态特征： 落叶灌木或小乔木，高3~10m。小枝无毛，紫褐色，有散生灰色皮孔。叶片薄纸质，长圆形、倒卵状长圆形或卵状披针形，先端突渐尖，基部圆形或楔形，边缘有疏生具腺锯齿，背面中脉疏生柔毛，叶柄微有柔毛。花多数，成复伞房花序，总花梗和花梗无毛，密生疣点，花瓣白色。梨果卵形，紫红色，微有疣点。花期 5 月，果期7~8 月。

分布与生境： 分布于秦岭以南的亚热带地区。生于海拔 1000~1700m 的山坡、山谷林下、林缘和疏林中。

应用价值： 根入药，具祛风止痛、补肾强筋之效。

110　光叶石楠

Photinia glabra (Thunb.) Maxim.
蔷薇科 Rosaceae　石楠属 Photinia

形态特征： 常绿乔木，高 3~5m。老枝灰黑色，皮孔棕黑色，散生。叶片革质，幼时及老时皆呈红色，椭圆形、长圆形或长圆倒卵形，先端渐尖，基部楔形，边缘有疏生浅钝细锯齿，两面无毛。花多数，成顶生复伞房花序，花瓣白色，反卷。果实卵形，红色，无毛。花期 4~5 月，果期 9~10 月。

分布与生境： 分布于华东、华中、华南及西南地区。生于海拔 1200m 以下的山坡杂木林中。

应用价值： 叶供药用，有解热、利尿、镇痛作用；种子榨油，可制肥皂或润滑油；木材坚硬致密，可作器具、船舶、车辆等；适宜栽培做篱垣及庭园树。

111　小叶石楠

Photinia parvifolia (Pritz.) Schneid.
蔷薇科 Rosaceae　石楠属 Photinia

形态特征： 落叶灌木，高 1~3m。枝纤细，小枝红褐色，无毛，有黄色散生皮孔。叶片草质，椭圆形、椭圆卵形或菱状卵形，先端渐尖或尾尖，基部宽楔形或近圆形，边缘有具腺尖锐锯齿，正面光亮，初疏生柔毛，侧脉 4~6 对。伞形花序生于侧枝顶端，花瓣白色。果实椭圆形或卵形，橘红色或紫色。花期 4~5 月，果期 7~8 月。

分布与生境： 分布于长江流域以南各地及河南。生于海拔 1000m 以下低山丘陵灌丛中。

应用价值： 根、枝、叶供药用，有行血止血、止痛功效。

112 柯氏梨

Pyrus koehnei C. K. Schneid.
蔷薇科 Rosaceae　梨属 Pyrus

形态特征： 中乔木。具枝刺；小枝圆柱形，无毛；冬芽卵形，先端圆钝，鳞片边缘有短柔毛。叶片卵形至卵圆形，先端渐尖或急尖，基部圆形或浅心形，正面无毛，背面沿中脉两侧和叶缘疏被脱落性灰色或褐色柔毛，边缘具纤毛，侧脉 6~12 对。伞形总状花序，具花 7~13 朵，花序轴、花梗被脱落性疏毛；花瓣倒卵形，白色，先端圆钝，具凹缺或啮齿状缺刻，基部具短爪。果实近球形，褐色，有斑点。花期 4 月，果期 9~10 月。

分布与生境： 分布于浙江、福建、广东、广西等地。生于海拔 500~1500m 的山坡疏林中。

应用价值： 木材带红色，质重坚韧，可作器物；果实可食。

113 石斑木

Rhaphiolepis indica (L.) Lindl.
蔷薇科 Rosaceae　石斑木属 Rhaphiolepis

形态特征： 常绿灌木，高可达 4m。幼枝初被褐色茸毛，后逐渐脱落。叶片集生于枝顶，卵形、长圆形，先端圆钝、急尖、渐尖或长尾尖，基部渐狭连于叶柄，边缘具细钝锯齿，背面色淡，无毛或被稀疏茸毛，叶脉稍凸起，网脉明显。顶生圆锥花序或总状花序，总花梗和花梗被锈色茸毛，花白色或淡红色。果实球形，紫黑色。花期 4 月，果期 7~8 月。

分布与生境： 分布于长江流域以南地区及台湾。生于海拔 150~1600m 山坡、路边或溪边灌木林中。

应用价值： 木材带红色，质重坚韧，可作器物；果实可食。

114 野蔷薇 **Rosa multiflora** Thunb.
蔷薇科 Rosaceae　蔷薇属 Rosa

形态特征： 落叶攀缘灌木。小枝无毛，皮刺粗短而弯曲。奇数羽状复叶，互生，叶片倒卵形、长圆形或卵形，先端急尖或圆钝，基部近圆形或楔形，边缘有尖锐单锯齿，正面无毛，背面有柔毛；小叶柄和叶轴有柔毛或无毛，有散生腺毛；托叶篦齿状，大部贴生于叶柄，边缘有或无腺毛。花多朵，排成圆锥状花序，花瓣白色。果近球形，红褐色或紫褐色。花期 5~7 月，果期 10~11 月。

分布与生境： 分布于黄河流域及其以南各地。生于向阳山坡、溪沟边、路旁或灌丛中。

应用价值： 花繁叶茂，适作园林绿化；嫩芽、花瓣可食用；花、果、根入药。

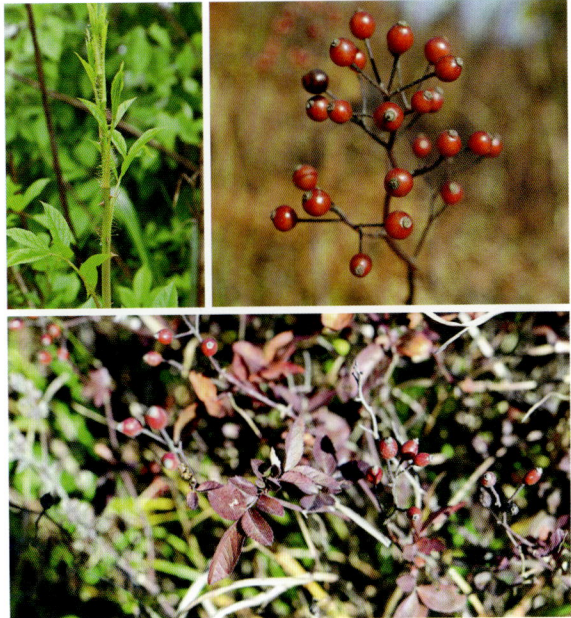

115 掌叶覆盆子 **Rubus chingii** Hu
蔷薇科 Rosaceae　悬钩子属 Rubus

形态特征： 落叶灌木，高 2~3m。幼枝无毛，具白粉和皮刺。单叶互生；叶片近圆形，掌状 5 深裂，叶柄疏生小皮刺。花单生于短枝顶端或叶腋，白色。聚合果红色，球形或卵球形，实心，密被白色柔毛，下垂。花期 3~4 月，果期 5~6 月。

分布与生境： 分布于江苏、浙江、安徽、江西、福建。常生于山坡疏林、灌丛中或山麓林缘。

应用价值： 叶形美观，花大色白，适作园林观赏植物；果可鲜食；果、根入药。

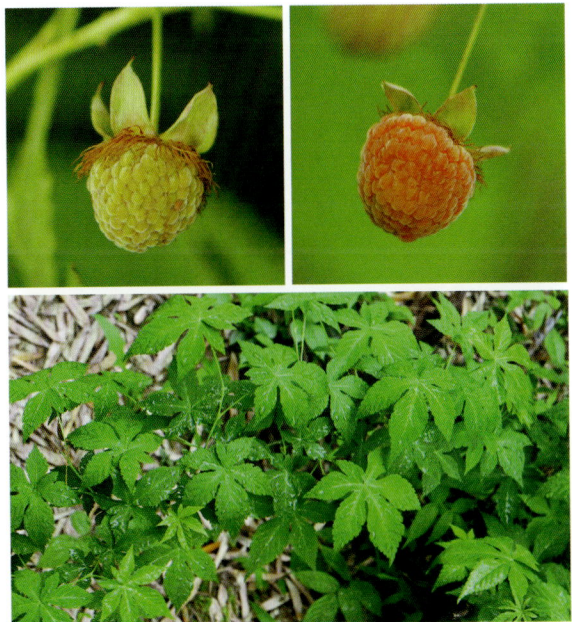

116 山莓 **Rubus corchorifolius** Linn. f.
蔷薇科 Rosaceae 悬钩子属 Rubus

形态特征： 直立灌木，高 1~3m。枝具皮刺，幼时被柔毛。单叶互生，卵形至卵状披针形，顶端渐尖，基部微心形，正面色较浅，沿叶脉有细柔毛，背面色稍深，幼时密被细柔毛，沿中脉疏生小皮刺，边缘不分裂或 3 裂。花单生或少数生于短枝上，花白色。聚合果近球形或卵球形，红色，密被细柔毛。花期 2~3 月，果期 4~6 月。

分布与生境： 分布于华东、华中、华南、西南、华北地区。生于海拔 200~2200m 的向阳山坡、溪边、山谷、荒地和疏密灌丛中潮湿处。

应用价值： 果味甜美，含糖、苹果酸、柠檬酸及维生素 C 等，可供生食、制果酱及酿酒；果、根及叶入药，有活血、解毒、止血之效；根皮、茎皮、叶可提取栲胶。

117 插田泡 **Rubus coreanus** Miq.
蔷薇科 Rosaceae 悬钩子属 Rubus

形态特征： 灌木，高 1~3m。枝粗壮，红褐色，被白粉，具近直立或钩状扁平皮刺。小叶通常 5 枚，卵形、菱状卵形或宽卵形，顶端急尖，基部楔形至近圆形，边缘有不整齐粗锯齿或缺刻状粗锯齿。伞房花序生于侧枝顶端，花淡红色至深红色。聚合果近球形，深红色至紫黑色。花期 4~6 月，果期 6~8 月。

分布与生境： 分布于华东、华中、西南、西北地区。生于海拔 100~1700m 的山坡灌丛或山谷、河边、路旁。

应用价值： 果实味酸甜可生食、熬糖及酿酒；又可入药，为强壮剂；根有止血、止痛之效；叶能明目。

118 光果悬钩子

Rubus glabricarpus Cheng
蔷薇科 Rosaceae　悬钩子属 Rubus

形态特征： 灌木，高达 3m。枝细，具基部宽扁的皮刺，嫩枝具柔毛和腺毛。单叶，卵状披针形，顶端渐尖，基部微心形或近截形，两面被柔毛，沿叶脉毛较密或有腺毛，边缘 3 浅裂或缺刻状浅裂，有不规则重锯齿或缺刻状锯齿，并有腺毛；叶柄细，具柔毛、腺毛和小皮刺；托叶线形，有柔毛和腺毛。花单生，顶生或腋生，花瓣白色。果实卵球形，红色，无毛；核具皱纹。花期 3~4 月，果期 5~6 月。

分布与生境： 分布于浙江、福建。生于低海拔至中海拔的山坡、山脚、沟边及杂木林下。

应用价值： 果实可生食或酿酒，果味甜美。

119 蓬蘽

Rubus hirsutus Thunb.
蔷薇科 Rosaceae　悬钩子属 Rubus

形态特征： 半常绿灌木，高 1~2m。枝红褐色或褐色，被柔毛和腺毛，疏生皮刺。奇数羽状复叶互生，小叶 3~5 枚，卵形或宽卵形，顶生小叶顶端常渐尖，基部宽楔形至圆形，两面疏生柔毛，边缘具不整齐尖锐重锯齿，顶生小叶柄具柔毛和腺毛，有疏生皮刺。花常单生于侧枝顶端，花白色，密集。聚合果近球形，红色，无毛。花期 4 月，果期 5~6 月。

分布与生境： 分布于秦岭以南地区。生于海拔 1500m 以下的山坡路旁阴湿处或灌丛中。

应用价值： 全株及根入药，能消炎解毒、清热镇惊、活血及祛风湿；果味酸甜，可鲜食或酿酒。

120 高粱泡

Rubus lambertianus Ser.
蔷薇科 Rosaceae　悬钩子属 Rubus

形态特征： 半落叶藤状灌木，高达 3m。枝幼时有细柔毛或近无毛，有微弯小皮刺。单叶宽卵形，顶端渐尖，基部心形，正面疏生柔毛或沿叶脉有柔毛，背面被疏柔毛，沿叶脉毛较密，中脉上常疏生小皮刺，边缘明显 3~5 裂或呈波状，有细锯齿。圆锥花序顶生，生于枝上部叶腋内的花序常近总状，花白色，密集。聚合果近球形，无毛，熟时红色。花期 7~8 月，果期 9~11 月。

分布与生境： 分布于秦岭以南地区。生于低海拔丘陵地带、山坡、山谷、路旁灌木丛或林缘及草坪。

应用价值： 果熟后食用及酿酒；根、叶供药用，有清热散瘀、止血之效；种子药用，也可榨油作发油用。

121 太平莓

Rubus pacificus Hance
蔷薇科 Rosaceae　悬钩子属 Rubus

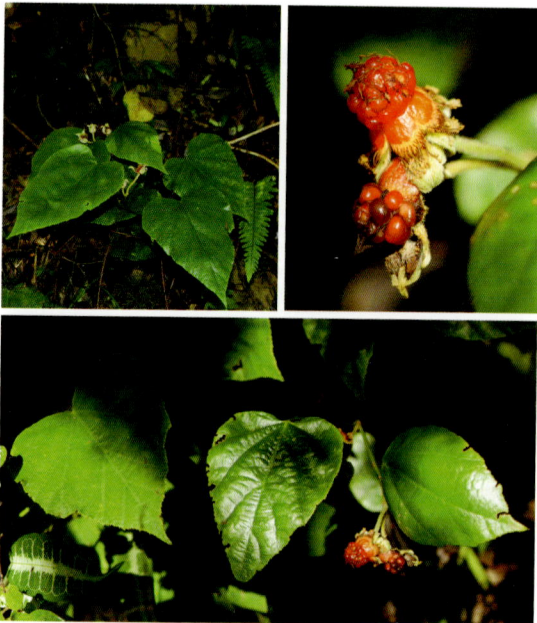

形态特征： 常绿矮小灌木，高 40~100cm。枝细，圆柱形，微拱曲，疏生细小皮刺。单叶，革质，宽卵形至长卵形，顶端渐尖，基部心形，背面密被灰色茸毛，基部具掌状五出脉，侧脉 2~3 对，背面叶脉凸起，棕褐色，边缘不明显浅裂，有不整齐而具突尖头的锐锯齿；叶柄幼时具柔毛，老时脱落，疏生小皮刺。花 3~6 朵成顶生短总状或伞房状花序，或单生于叶腋，总花梗、花梗和花萼密被白色茸毛，花白色。果实球形，红色，无毛。花期 6~7 月，果期 8~9 月。

分布与生境： 分布于华东地区及湖南。生于海拔 300~1000m 的山地路旁或杂木林内。

应用价值： 此种耐干旱，有固沙作用；全株入药，有清热活血之效。

122 木莓 **Rubus swinhoei** Hance
蔷薇科 Rosaceae　悬钩子属 Rubus

形态特征： 落叶或半常绿灌木，高 1~4m。茎细而圆，暗紫褐色。单叶，叶形变化较大，由宽卵形至长圆披针形，顶端渐尖，基部截形至浅心形，正面仅沿中脉有柔毛，背面密被灰色茸毛或近无毛，边缘有不整齐粗锐锯齿，叶柄被灰白色茸毛，有时具钩状小皮刺。花常 5~6 朵，成总状花序；总花梗、花梗和花萼均被紫褐色腺毛和稀疏针刺，花瓣白色，宽卵形或近圆形，有细短柔毛。果实球形，成熟时由绿紫红色转变为黑紫色，味酸涩。花期 5~6 月，果期 7~8 月。

分布与生境： 分布于华东、华中、华南、西南及西北地区。生于海拔 300~1500m 山坡疏林或灌丛中，或溪谷及杂木林下。

应用价值： 果可食，味不佳；根皮可提取栲胶。

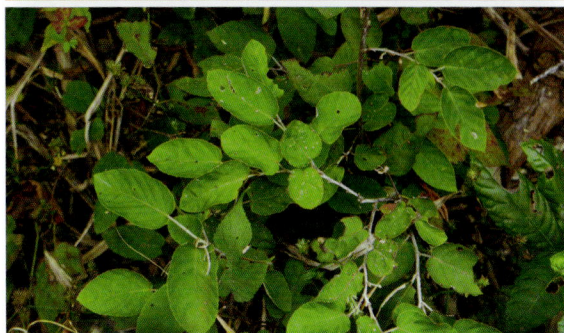

123 香港黄檀 **Dalbergia millettii** Benth.
豆科 Leguminosae　黄檀属 Dalbergia

形态特征： 藤本。枝无毛，干时黑色，有时短枝钩状。羽状复叶，叶柄无毛；托叶狭披针形，长 2~3mm，脱落；小叶 25~35 枚，紧密，线形或狭长圆形，先端截形，有时微凹缺，基部圆或钝，两侧略不等，顶小叶常为倒卵形或倒卵状长圆形，基部楔形，两面无毛；小叶柄无毛。圆锥花序腋生，总花梗、花序轴和分枝被极稀疏的短柔毛；花微小，花冠白色，花瓣具柄。荚果长圆形至带状，扁平，无毛。花期 5 月，果期 9~10 月。

分布与生境： 分布于江西、浙江、福建、湖南、广东、广西、四川。生于海拔 350~800m 山谷疏林或密林中。

应用价值： 干可制手杖；叶药用；枝叶浓密，适作园林观赏。

124 山皂荚

Gleditsia japonica Miq.
豆科 Leguminosae　皂荚属 Gleditsia

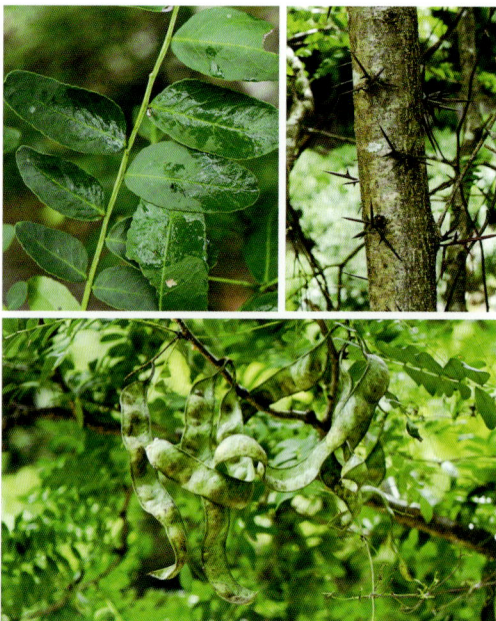

形态特征: 落叶乔木,高达 25m。小枝微具棱,具分散的白色皮孔,光滑无毛;刺略扁,粗壮,紫褐色至棕黑色,常分枝。叶为一回或二回羽状复叶,小叶 3~10 对,纸质至厚纸质,卵状长圆形或卵状披针形至长圆形,先端圆钝,基部阔楔形或圆形,微偏斜,全缘或具波状疏圆齿。花黄绿色,组成穗状花序;花序腋生或顶生,被短柔毛。荚果带形,扁平,不规则旋扭或弯曲作镰刀状。花期 4~6 月,果期 6~11 月。

分布与生境: 分布于华东、华中、西南、华北地区及辽宁。生于海拔 100~1000m 的向阳山坡或谷地、溪边路旁。

应用价值: 荚果含皂素,可代肥皂用以洗涤,并可作染料;种子入药;嫩叶可食;木材坚实,心材带粉红色,色泽美丽,纹理粗,可作建筑、器具、支柱等用材;园林中可作庭荫树。

125 野葛

Pueraria montana var. **lobata** (Willd.) Maesen et S. M. Almeida ex
Sanjappa et Predeep　豆科 Leguminosae　葛属 Pueraria

形态特征: 多年生缠绕大藤本。块根肥厚,圆柱形。茎基部粗壮,小枝密被棕褐色粗毛。托叶卵形至披针形,盾状着生;羽状复叶互生,基部圆形,小叶全缘,正面疏被伏贴毛,背面毛较密。总状花序腋生,花冠紫红色,蝶形。荚果条形,扁平,密被黄色长硬毛。花期 7~9月,果期 9~10 月。

分布与生境: 全国除新疆、西藏外均有分布。成片生于荒山荒地、路边沟旁,攀于乔灌木、岩石之上。

应用价值: 食用,炒食口感粗糙,油炸食用香酥可口;葛根含淀粉,具解肌退热、透疹、生津解渴、升阳止泻之效。

126 枳枳 **Poncirus trifoliata** (L.) Raf.
芸香科 Rutaceae　枳橘属 Poncirus

形态特征： 落叶灌木或小乔木，高可达 5m。分枝多且常曲折，有长枝和短枝之分，短枝上生叶，腋生枝刺多而尖锐。掌状三出复叶，小叶片倒卵形或椭圆形，先端圆钝或微凹，基部楔形，边缘具细钝齿或全缘，嫩叶中脉具毛。花单朵或成对生于叶腋，先于叶开放，花白色。柑果橙黄色，球形，密被细柔毛。花期 4~5 月，果期 9~11 月。

分布与生境： 分布于长江中游地区及淮河流域。生于海拔 750m 的阔叶林中。

应用价值： 果可入药，有健胃理气、散结止痛等功效；种子可榨油；叶、花及果皮可提取芳香油；可作砧木和绿篱。

127 一叶萩 **Flueggea suffruticosa** (Pall.) Baill.
大戟科 Euphorbiaceae　白饭树属 Flueggea

形态特征： 落叶灌木，高 1~3m。小枝浅绿色，近圆柱形，有棱槽，具不明显的皮孔；全株无毛。叶片纸质，椭圆形或长椭圆形，顶端急尖至钝，基部钝至楔形，全缘或间有不整齐的波状齿或细锯齿，背面浅绿色，网脉略明显。花小，雌雄异株，簇生于叶腋。蒴果三棱状扁球形，成熟时淡红褐色，有网纹。花期 3~8 月，果期 6~11 月。

分布与生境： 分布于华东、东北、华北、华中、西南地区及宁夏、甘肃、陕西。生于海拔 800~2500m 的山坡灌丛中或山沟、路边。

应用价值： 茎皮纤维坚韧，可作纺织原料；嫩枝、叶及根可入药；耐干旱瘠薄，可供荒坡造林。

128 算盘子

Glochidion puberum (Linn.) Hutch.
大戟科 Euphorbiaceae　算盘子属 Glochidion

形态特征： 直立灌木，高 1~5m。多分枝，小枝，叶片背面、萼片外面、子房和果实均密被短柔毛。叶片纸质或近革质，长圆形或倒卵状长圆形，顶端钝或急尖，基部宽楔形，背面被毛较密。花小，雌雄同株或异株，数朵簇生于叶腋内。蒴果扁球状，边缘有纵沟，熟时红色。花期 4~8 月，果期 7~11 月。

分布与生境： 分布于我国长江流域以南地区以及陕西、甘肃、河南、西藏等地。生于海拔 800m 以下山坡、溪旁灌木丛中或林缘。

应用价值： 种子可榨油，供制肥皂或作润滑油；根、茎、叶和果实均可药用，有活血散瘀、消肿解毒之效，也可作农药；果形奇特，开裂后种子红艳，适作观果树种。

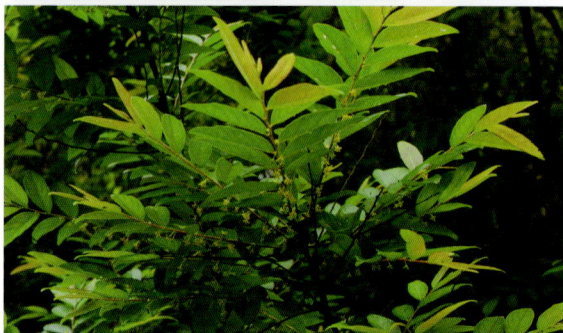

129 湖北算盘子

Glochidion wilsonii Hutch.
大戟科 Euphorbiaceae　算盘子属 Glochidion

形态特征： 落叶灌木，高 1~4m。枝条具棱，灰褐色，小枝直而开展。叶片纸质，披针形或斜披针形，顶端短渐尖或急尖，基部钝或宽楔形，正面绿色，背面带灰白色；中脉两面凸起，两面无毛。花绿色，雌雄同株，簇生于叶腋内，雌花生于小枝上部，雄花生于小枝下部。蒴果扁球状，边缘有 6~8 条纵沟。花期 4~7 月，果期 6~9 月。

分布与生境： 分布于华东、华中、西南地区及广西。生于海拔 600~1600m 山地灌木丛中。

应用价值： 叶、茎及果含鞣质，可提取栲胶；适作庭园观果景观树。

130 野桐　**Mallotus subjaponicus** (Croizat.) Croizat.
大戟科 Euphorbiaceae　野桐属 Mallotus

形态特征： 小乔木或灌木，高 2~4m，树皮褐色。嫩枝具纵棱，枝、叶柄和花序轴均密被褐色星状毛。叶互生，纸质，宽卵形或近圆形，顶端急尖、凸尖或急渐尖，基部圆形、楔形，边全缘或微 3 裂，背面被褐色星状毛及黄色腺点，基出脉 3 条；侧脉 5~7 对，近叶柄具黑色圆形腺体 2 枚。花雌雄异株，雌花花序为不分枝的总状花序。蒴果近扁球形、钝三棱形，密被有星状毛的软刺和红色腺点。花期 4~6 月，果期 7~8 月。

分布与生境： 分布于华东、华中、西南地区及广东、广西、陕西、甘肃。多生于低山丘陵的山坡林中、林缘或灌丛中。

应用价值： 种子含油量达 38%，可供工业原料；木材质地轻软，可作小器具用材。

131 落萼叶下珠　**Phyllanthus flexuosus** (Siebold et Zucc.)　Muell. Arg.
大戟科 Euphorbiaceae　叶下珠属 Phyllanthus

形态特征： 落叶灌木，高达 3m。枝条弯曲，小枝褐色，全株无毛。叶片纸质，椭圆形至卵形，顶端渐尖或钝，基部钝至圆形，全缘，背面稍带白绿色。花单性同株或异株，雄花数朵簇生叶腋，雌花单生叶腋，花黄绿色。蒴果浆果状，扁球形，熟时由绿变红再转紫黑色。花期 4~5 月，果期 6~9 月。

分布与生境： 分布于长江以南各地区。生于海拔 700~1500m 山地疏林下、沟边、路旁或灌丛中。

应用价值： 根药用，治小儿疳积。

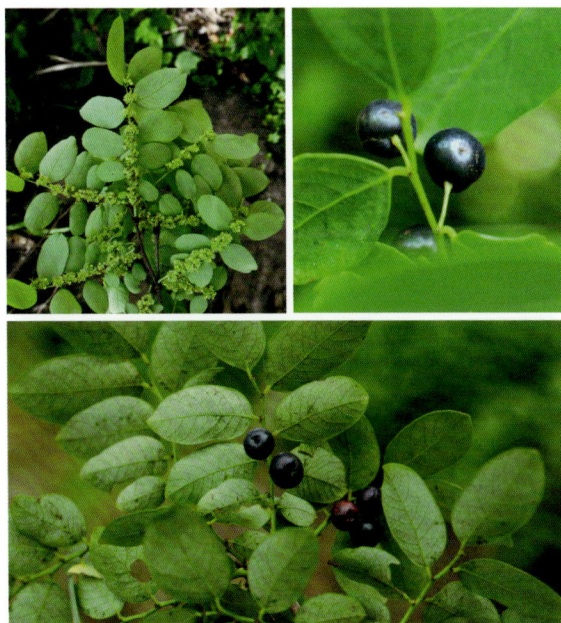

132 青灰叶下珠 *Phyllanthus glaucus* Wall. ex Muell. Arg.

大戟科 Euphorbiaceae 叶下珠属 Phyllanthus

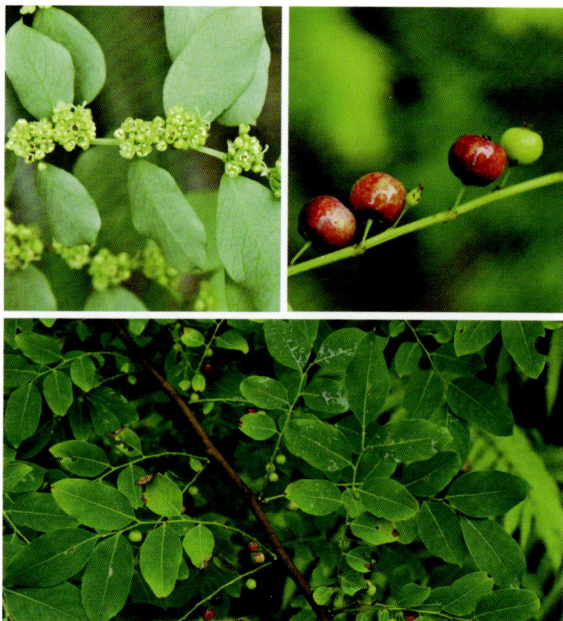

形态特征： 落叶灌木，高达 4m。枝条圆柱形，小枝细柔，全株无毛。单叶互生，叶片膜质，椭圆形或长圆形，顶端急尖，有小尖头，基部钝至圆形，全缘，背面灰绿色。花雌雄同株，簇生于叶腋，无花瓣。蒴果浆果状，紫黑色，基部有宿存的萼片。花期 4~7 月，果期 7~10 月。

分布与生境： 分布于华东、华中、华南、西南地区。生于海拔 200~1000m 的山地灌木丛中或稀疏林下。

应用价值： 根药用，可治小儿疳积。

133 大芽南蛇藤 *Celastrus gemmatus* Loes.

卫矛科 Celastraceae 南蛇藤属 Celastrus

形态特征： 落叶藤状灌木。小枝具多数皮孔，皮孔阔椭圆形至近圆形，棕灰白色，凸起。叶长方形、卵状椭圆形或椭圆形，先端渐尖，基部圆阔，近叶柄处变窄，边缘具浅锯齿，侧脉 5~7 对，小脉成较密网状，两面均凸起，叶面光滑但手触有粗糙感，背面光滑或稀于脉上具棕色短柔毛。聚伞花序顶生及腋生，花单性异株。蒴果球状，小果梗具明显凸起皮孔。花期 4~9 月，果期 8~10 月。

分布与生境： 分布于长江以南地区。生于海拔 100~2500m 密林中或灌丛中。

应用价值： 根、茎、叶入药，具祛风湿、行气血、壮筋骨之效。

134 窄叶南蛇藤

Celastrus oblanceifolius C. H. Wang et P. C. Tsoong
卫矛科 Celastraceae　南蛇藤属 Celastrus

形态特征： 藤状灌木。小枝密被棕褐色短毛。叶倒披针形，先端窄，急尖或短渐尖，基部窄楔形或楔形，边缘具疏浅锯齿，侧脉 7~10 对，两面光滑无毛或背面主脉下部被淡棕色柔毛。聚伞花序腋生或侧生，1~3 花，花瓣长圆状倒披针形，边缘具极短睫毛。蒴果球状。花期 3~4 月，果期 6~10 月。

分布与生境： 分布于安徽、浙江、江西、湖南、福建、广东、广西。生长于海拔 500~1000m 山坡湿地或溪边灌丛中。

应用价值： 药用植物。

135 雷公藤

Tripterygium wilfordii Hook. f.
卫矛科 Celastraceae　雷公藤属 Tripterygium

形态特征： 藤状灌木，高 1~3m。小枝棕红色，具细棱，被密毛及细密皮孔。叶椭圆形、宽卵形或卵状椭圆形，先端急尖或短渐尖，基部阔楔形或圆形，边缘有细锯齿，侧脉 4~7 对，达叶缘后稍上弯；叶柄密被锈色毛。圆锥聚伞花序较窄小，花序、分枝及小花梗均被锈色毛，花白色。翅果长圆状，具 3 翅。花期 5~6 月，果期 9~10 月。

分布与生境： 分布于长江流域及西南各地。生于海拔 500m 以下的山地林内阴湿处。

应用价值： 剧毒植物，全株有毒，尤其是嫩芽、嫩叶和嫩枝。

136 卫矛　*Euonymus alatus* (Thunb.) Sieb.
卫矛科 Celastraceae　卫矛属 Euonymus

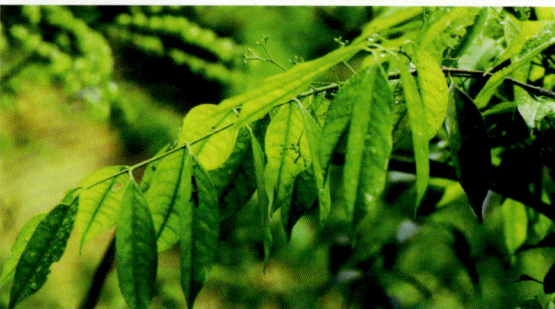

形态特征： 落叶灌木，高 1~3m。小枝常具 2~4 列宽阔木栓翅，芽鳞边缘具不整齐细坚齿。叶卵状椭圆形、窄长椭圆形，偶为倒卵形，边缘具细锯齿，两面光滑无毛。聚伞花序 1~3 花，花白绿色。蒴果 1~4 深裂，裂瓣椭圆状，种子具橙红色假种皮。花期 5~6 月，果期 7~10 月。

分布与生境： 分布于东北、华北、西北至长江流域各地。生于海拔 1200m 以下的山坡、沟地边缘。

应用价值： 带木栓翅的枝条入中药，叫鬼箭羽，具活血、通络、止痛作用。

137 西南卫矛　*Euonymus hamiltonianus* Wall.
卫矛科 Celastraceae　卫矛属 Euonymus

形态特征： 落叶小乔木，高 5~6m。枝条无木栓翅，小枝具棱槽。单叶对生，卵状椭圆形、长方椭圆形或椭圆状披针形，先端急尖，基部宽楔形或钝圆，边缘具细锯齿，叶背脉上有乳头状短毛。聚伞花序，花绿白色。蒴果较大，粉红带黄色，倒棱台形。花期 5~6 月，果期 9~10 月。

分布与生境： 分布于长江以南地区。一般生于海拔 2000m 以下的山地林中。

应用价值： 根、根皮、果实入药，具活血、止血、祛风除湿之效；假种皮鲜艳，供观赏。

138 矩叶卫矛

Euonymus oblongifolius Loes. et Rehd.
卫矛科 Celastraceae　卫矛属 Euonymus

形态特征： 落叶灌木或小乔木，高 2~7m。叶薄革质，坚实稍有光亮，长方椭圆形、窄椭圆形或长方倒卵形，先端渐尖，边缘有细浅锯齿，侧脉及小脉均明显呈细网状。聚伞花序多次分枝，花淡绿色。蒴果倒锥状，上部较宽，基部窄缩，有明显4棱或4浅裂，顶部平。花期5~6月，果期8~10月。

分布与生境： 分布于浙江、福建、江西、安徽、湖南、湖北、四川、云南、贵州、广西、广东。生长于中海拔山谷及近水阴湿处。

应用价值： 枝翅奇特，秋叶红艳，果裂亦红，适作园林观赏植物。

139 野鸦椿

Euscaphis japonica (Thunb.) Kanitz
省沽油科 Staphyleaceae　野鸦椿属 Euscaphis

形态特征： 落叶小乔木或灌木，高 2~8m。树皮灰褐色，具纵条纹，小枝及芽红紫色，枝叶揉碎后发出恶臭气味。叶对生，奇数羽状复叶，叶轴淡绿色，小叶5~9，厚纸质，长卵形或椭圆形，先端渐尖，基部钝圆，边缘具疏短锯齿，齿尖有腺体，两面除背面沿脉有白色小柔毛外其余无毛，主脉在正面明显，在背面突出。圆锥花序顶生，花多，黄白色。蓇葖果，每一花发育为1~3个蓇葖，果皮软革质，紫红色。花期5~6月，果期8~9月。

分布与生境： 分布于除西北地区外的全国各地。生于山坡、溪边、路旁林下、林缘。

应用价值： 木材可为器具用材；种子油可制皂；树皮提栲胶；根及干果入药，用于祛风除湿；也栽培作观赏植物。

140 省沽油　**Staphylea bumalda** (Thunb.) DC.
省沽油科 Staphyleaceae　省沽油属 Staphylea

形态特征：落叶灌木，高 2~4m。树皮紫红色或灰褐色，有纵棱。三出复叶对生，有长柄，小叶椭圆形、卵圆形或卵状披针形，先端锐尖，具尖尾，基部楔形或圆形，边缘有细锯齿，齿尖具尖头，主脉及侧脉有短毛。圆锥花序顶生，直立，花白色。蒴果膀胱状，扁平，先端 2 裂。花期 4~5 月，果期 8~9 月。

分布与生境：分布于华东、华中、华北、西北、东北各地及四川。生于海拔 500~1200m 的路旁、山地或丛林中。

应用价值：种子油可制肥皂及油漆；茎皮可作纤维；花色洁白，果形奇特，适作观花灌木。

141 阔叶槭　**Acer amplum** Rehder.
槭树科 Aceraceae　槭属 Acer

形态特征：落叶高大乔木，高 10~20m。树皮平滑，黄褐色或深褐色。小枝无毛，当年生枝绿色或紫绿色，多年生枝黄绿色或黄褐色。叶纸质，基部近于心脏形或截形，常 3 裂，裂片钝尖，裂片中间的凹缺钝形，正面深绿色或黄绿色，嫩时有稀疏的腺体，背面淡绿色，脉腋有黄色丛毛。伞房花序生于着叶的小枝顶端，花黄绿色。翅果嫩时紫色，成熟时黄褐色，小坚果压扁状，两翅张开成钝角。花期 4 月，果期 9 月。

分布与生境：分布于华东、华中、华南、西南地区。生于海拔 700~950m 的溪边路旁、沟谷林缘或疏林中。

应用价值：观叶植物，春叶观赏期 3~4 月，秋叶观赏期 10~11 月，适于风景片林营造。

142 垂枝泡花树

Meliosma flexuosa Pamp.
清风藤科 Sabiaceae　泡花树属 Meliosma

形态特征: 落叶小乔木,高可达 5m。芽、嫩枝、嫩叶中脉、花序轴均被淡褐色长柔毛,腋芽通常两枚并生。单叶,膜质,倒卵形或倒卵状椭圆形,先端渐尖或骤狭渐尖,边缘具疏离、侧脉伸出成凸尖的粗锯齿,叶两面疏被短柔毛,中脉伸出成凸尖;侧脉每边 12~18 条,脉腋髯毛不明显。圆锥花序顶生,向下弯垂,花白色。果近卵形,核极扁斜,具明显凸起细网纹。花期 5~6 月,果期 7~9 月。

分布与生境: 分布于陕西(南部)、四川(东部)、湖北(西部)、安徽、江苏、浙江、江西、湖南、广东(北部)。生于海拔 600~2750m 的山地林间。

应用价值: 适作园林观赏树种;材用树种。

143 异色泡花树

Meliosma myriantha var. **discolor** Dunn
清风藤科 Sabiaceae　泡花树属 Meliosma

形态特征: 落叶灌木或小乔木。树皮初光滑,后片状剥落。叶片倒卵状长圆形或长椭圆形,先端锐渐尖,基部圆钝,侧脉 12~22 对,直达齿端,基部通常无锯齿。圆锥花序顶生,直立或斜展,花小,白色。核果球形,红色。花期夏季,果期 9~10 月。

分布与生境: 分布于华东地区及湖南、广东、四川、贵州。生于海拔 300m 以上的山谷、溪旁、土壤湿润的杂木林中。

应用价值: 叶形奇特,花絮洁白,秋果红艳,适作园林观赏植物。

144 多花勾儿茶 Berchemia floribunda (Wall.) Brongn.

鼠李科 Rhamnaceae 勾儿茶属 Berchemia

形态特征： 落叶藤状或直立灌木。幼枝黄绿色，光滑无毛。叶纸质，上部叶较小，卵形或卵状椭圆形至卵状披针形，顶端锐尖，下部叶较大，椭圆形至矩圆形，顶端钝或圆形，基部圆形，背面干时栗色，无毛，或仅沿脉基部被疏短柔毛。花多数，通常数个簇生排成顶生宽聚伞圆锥花序，或下部兼腋生聚伞总状花序。核果圆柱状椭圆形，熟时紫黑色。花期7~10月，果期翌年4~7月。

分布与生境： 分布于华东、华中、华南、西南、华北、西北地区。生于海拔2600m以下的山坡、沟谷、林缘、林下或灌丛中。

应用价值： 根入药，有祛风除湿，散瘀消肿、止痛之功效；嫩叶可代茶；可配置于墙垣、篱笆、角隅等处，赏叶观果。

145 牯岭勾儿茶 Berchemia kulingensis Schneid.

鼠李科 Rhamnaceae 勾儿茶属 Berchemia

形态特征： 落叶木质藤本。小枝黄绿色，无毛。单叶互生；叶片卵状椭圆形或卵状长圆形，先端钝圆或急尖，全缘，侧脉整齐，8~10对；叶柄长6~10mm。花绿色，排成细长的聚伞总状花序。核果长卵形至圆柱形，熟时由黄转红，最后变紫黑色。花期6~7月，果期翌年4~6月。

分布与生境： 分布于长江流域及其以南各地。生于沟谷林缘或灌丛中，常攀附于岩石、灌木上。

应用价值： 果期长，果实黄、红、黑相间，优美艳丽，可作藤架，或配植于石旁水边，效果尤佳，也可盆栽或制作盆景，果序可供瓶插观赏。

146 圆叶鼠李 *Rhamnus globosa* Bunge
鼠李科 Rhamnaceae 鼠李属 Rhamnus

形态特征：落叶灌木，高 2~4m。小枝对生或近对生，灰褐色，顶端具针刺。叶纸质或薄纸质，对生或近对生，近圆形、倒卵状圆形或卵圆形，顶端突尖或短渐尖，基部宽楔形或近圆形，边缘具圆齿状锯齿，正面绿色，背面淡绿色，全部或沿脉被柔毛，侧脉每边 3~4 条，正面下陷，背面凸起，网脉在背面明显，叶柄被密柔毛。花单性，雌雄异株，花萼和花梗均有疏微毛。核果球形或倒卵状球形，成熟时黑色。花期 4~5 月，果期 6~10 月。

分布与生境：分布于华东、华中、西北地区及辽宁。生于海拔 1600m 以下的山坡、林下或灌丛中。

应用价值：种子榨油供润滑油用；茎皮、果实及根可作绿色染料；果实烘干、捣碎和红糖煎水服，可治肿毒；枝叶细密，秋叶转色，可制作盆景或点缀山石。

147 山鼠李 *Rhamnus wilsonii* Schneid.
鼠李科 Rhamnaceae 鼠李属 Rhamnus

形态特征：落叶灌木，高 1~3m。小枝互生或兼近对生，银灰色或灰褐色，无光泽，枝端有时具钝针刺。叶纸质或薄纸质，互生，椭圆形或宽椭圆形，顶端渐尖或长渐尖，尖头直或弯，基部楔形，边缘具钩状圆锯齿，两面无毛，侧脉每边 5~7 条，正面稍下陷，背面凸起，有较明显的网脉。花单性，雌雄异株，黄绿色。核果倒卵状球形，成熟时紫黑色或黑色。花期 4~5 月，果期 6~10 月。

分布与生境：分布于华东地区及湖南、广东、广西、贵州。生于海拔 300~1500m 山坡路旁，沟边灌丛或林下。

应用价值：园林绿化的优良观赏灌木，制作盆景的佳木。

148 刺藤子

Sageretia melliana Hand.-Mazz.
鼠李科 Rhamnaceae　雀梅藤属 Sageretia

形态特征： 常绿藤状灌木，具枝刺。小枝圆柱状，褐色，被黄色短柔毛。叶革质，通常近对生，卵状椭圆形或矩圆形，顶端渐尖，基部近圆形，稍不对称，边缘具细锯齿，正面绿色，有光泽，两面无毛。叶柄上面有深沟，被短柔毛或无毛。花无梗，黄色，无毛，单生或数个簇生而排成顶生，花序轴被黄色或黄白色贴生密短柔毛或茸毛。核果浅红色。花期9~11月，果期翌年4~5月。

分布与生境： 分布于华东地区及湖南、湖北、广东、广西、云南、贵州。生于海拔1500m以下的山地林缘或林下。

应用价值： 药用植物，具清热解毒之效。

149 羽叶牛果藤

Nekemias chaffanjonii (H. Lév. et Vaniot) J. Wen et Z. L. Nie　葡萄科 Vitaceae　牛果藤属 Nekemias

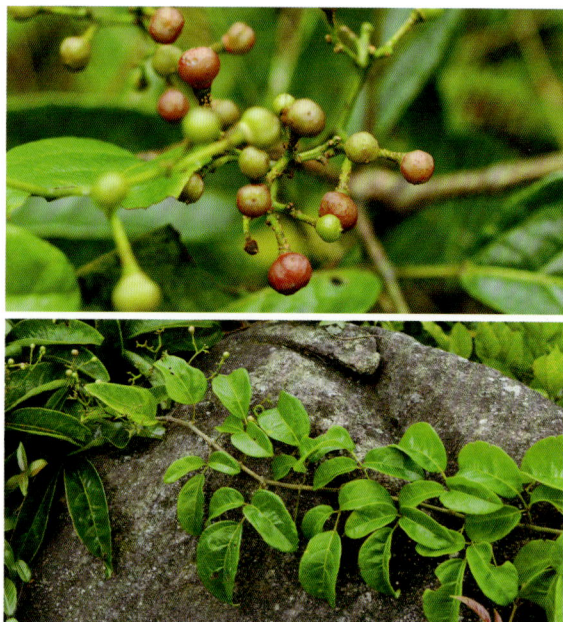

形态特征： 木质藤本。小枝圆柱形，有纵棱纹，无毛。卷须二叉分枝，相隔两节间断与叶对生。叶为一回羽状复叶，通常有小叶2~3对，小叶长椭圆形或卵状椭圆形，顶端急尖或渐尖，基部圆形或阔楔形，边缘有5~11个尖锐细锯齿，正面绿色或深绿色，背面浅绿色或带粉绿色，两面均无毛；侧脉5~7对，网脉两面微突出。花序为伞房状多歧聚伞花序，顶生或与叶对生。果实近球形。花期5~7月，果期7~9月。

分布与生境： 分布于安徽、江西、浙江、湖北、湖南、广西、四川、贵州、云南。生于海拔500~2000m山坡疏林或沟谷灌丛。

应用价值： 优良的观赏藤本，可供边坡、断面、乱石堆覆绿。

150 刺葡萄 Vitis davidii (Roman. du Caill.) Foëx.
葡萄科 Vitaceae 葡萄属 Vitis

形态特征： 落叶木质藤本。小枝圆柱形，纵棱纹幼时不明显，被皮刺，无毛。卷须二叉分枝，每隔两节间断与叶对生。叶卵圆形或卵状椭圆形，顶端急尖或短尾尖，基部心形，基缺凹成钝角，边缘每侧有锯齿，齿端尖锐。花杂性异株，圆锥花序基部分枝发达，与叶对生，花小。果实球形，成熟时紫红色。花期4~6月，果期7~10月。

分布与生境： 分布于长江流域以南及西北地区。生于海拔600~1800m的山坡、沟谷林中或灌丛。

应用价值： 果实可鲜食，也可酿酒；葡萄育种种质资源；根可药用；攀缘力强，适作垂直绿化。

151 小叶葡萄 Vitis sinocinerea W. T. Wang
葡萄科 Vitaceae 葡萄属 Vitis

形态特征： 木质藤本。小枝圆柱形，有纵棱纹，疏被短柔毛和稀疏蛛丝状茸毛。卷须不分枝或二叉分枝每隔两节间断与叶对生。叶卵圆形，三浅裂或不明显分裂，顶端急尖，基部浅心形或近截形，边缘每侧有5~9个锯齿，正面绿色，密被短柔毛或脱落几无毛，背面密被淡褐色蛛丝状茸毛；基生脉五出，中脉有侧脉3~4对，脉正密被短柔毛和疏生蛛丝状的茸毛。圆锥花序小，狭窄，与叶对生，花瓣呈帽状黏合脱落，花药黄色。果实成熟时紫褐色。花期4~6月，果期7~10月。

分布与生境： 分布于江苏、浙江、福建、江西、湖北、湖南、台湾、云南。生于海拔220~2800m山坡林中或灌丛。

应用价值： 药用植物，果可生食。

152 中华猕猴桃

Actinidia chinensis Planch.
猕猴桃科 Actinidiaceae　猕猴桃属 Actinidia

形态特征： 落叶藤本。幼枝密被脱落性灰白色短茸毛或锈褐色刺毛，叶痕显著隆起，髓心片状。叶宽倒卵形、近圆形或阔卵形，先端突尖至微凹，基部钝圆至浅心形，边缘具刺毛状小齿，背面密被星状茸毛。花白色，后变淡黄色。浆果柱状卵形，密被黄色短茸毛。花期5月，果期8~9月。

分布与生境： 分布于长江流域以南各地。生于向阳山坡、沟谷溪边之林中或灌丛中。

应用价值： 猕猴桃育种材料；枝叶繁茂，叶形奇特，花大美丽，适作公园、庭院绿化树种；果可食或酿酒；根、藤、叶药用。

153 毛花猕猴桃

Actinidia eriantha Benth.
猕猴桃科 Actinidiaceae　猕猴桃属 Actinidia

形态特征： 大型落叶藤本。小枝、叶柄、花序和萼片密被乳白色或淡污黄色直展的茸毛或交织压紧的绵毛，髓白色，片层状。叶互生，软纸质，卵形至阔卵形，顶端短尖至短渐尖，基部圆形、截形或浅心形，边缘具硬尖小齿，背面密被乳白色或淡污黄色星状茸毛。聚伞花序，花桃红色。果柱状卵珠形，密被不脱落的乳白色茸毛。花期5~6月，果期11月。

分布与生境： 分布于华东、华南地区及湖南、贵州。生于海拔250~1000m山地上的高草灌木丛或灌木丛林中。

应用价值： 猕猴桃育种种质资源；根入药，具清热解毒、舒筋活血、补肾益气之功效；果可鲜食或酿酒。

154 小叶猕猴桃

Actinidia lanceolata Dunn
猕猴桃科 Actinidiaceae 猕猴桃属 Actinidia

形态特征： 小型落叶藤本。小枝密被锈褐色短茸毛，皮孔可见；隔年枝灰褐色，秃净无毛；髓褐色，片层状。叶纸质，卵状椭圆形至椭圆状披针形，顶端短尖至渐尖，基部钝形至楔尖，边缘的上半部有小锯齿，背面粉绿色，密被短小且密致的灰白色星状茸毛。聚伞花序二回分歧，密被锈褐色茸毛，花淡绿色。果小，绿色，秃净，有显著的浅褐色斑点。花期 5~6 月，果期 10~11 月。

分布与生境： 分布于华东地区及湖南、广东。生于海拔 200~800m 山地上的高草灌丛中、疏林中和林缘等。

应用价值： 果可鲜食，也可泡酒。

155 异色猕猴桃

Actinidia callasa var. **discolor** C. F. Liang
猕猴桃科 Actinidiaceae 猕猴桃属 Actinidia

形态特征： 落叶木质藤本。全株无毛，髓淡褐色，实心。单叶互生，叶纸质，椭圆形至倒卵形，顶端急尖，基部阔楔形或钝形，边缘有钝锯齿。聚伞花序具花 1~3 朵，花白色。浆果小，绿色，有斑点。花期 5~6 月，果熟期 10~11 月。

分布与生境： 分布于长江以南各地。生于海拔 200~800m 山地上的高草灌丛中、疏林中和林缘等。

应用价值： 果、根药用，具抗癌之效；果实可鲜食；适应性强，可作猕猴桃育种材料。

156 对萼猕猴桃 *Actinidia valvata* Dunn
猕猴桃科 Actinidiaceae　猕猴桃属 Actinidia

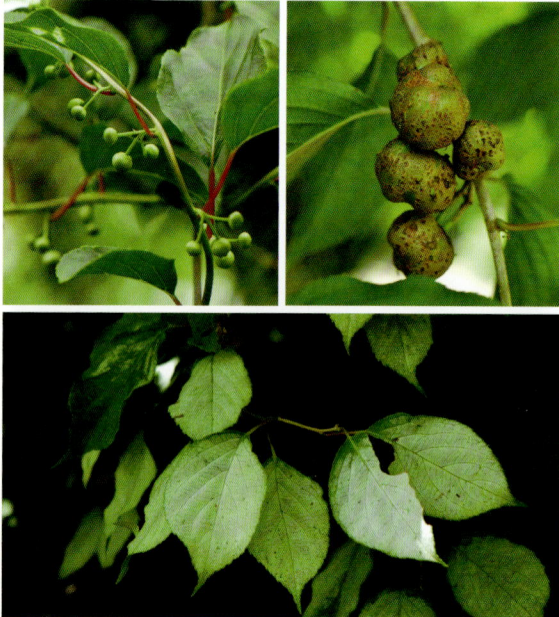

形态特征： 落叶藤本。枝条髓心白色，实心或有时片状。单叶互生，叶片长卵形至椭圆形，先端短渐尖，基部楔形至截圆形，边缘有细小锯齿。雌雄异株，聚伞花序，花白色。浆果卵球形或短圆柱形，无斑点，熟时橘红色，具辣味。花期 5 月，果期 9~10 月。

分布与生境： 分布于华东、华中地区及广东。生于海拔 150~1000m 的山沟边、岩石旁或疏林下。

应用价值： 根可药用，有散瘀化结之效；部分叶片全叶或半叶呈银白色或淡黄色，具特殊观赏性，可作岩面覆盖之用。

157 胡颓子 *Elaeagnus pungens* Thunb.
胡颓子科 Elaeagnaceae　胡颓子属 Elaeagnus

形态特征： 常绿直立灌木，高 3~4m，具刺，刺顶生或腋生。叶革质，椭圆形或阔椭圆形，两端钝形或基部圆形，边缘微反卷或皱波状，背面密被银白色和少数褐色鳞片，侧脉 7~9 对，与中脉开展成 50°～60° 的角。花白色，1~3 朵腋生，下垂，密被鳞片。果实椭圆形，成熟时红色，果核内面具白色丝状绵毛。花期 9~12 月，果期翌年 4~6 月。

分布与生境： 分布于长江流域以南。生于海拔 1000m 以下的向阳山坡或路旁。

应用价值： 种子、叶和根可入药，种子可止泻，叶治肺虚短气，根治吐血，根煎汤洗疮疥有一定疗效；果实味甜，可生食，也可酿酒和熬糖；茎皮纤维可造纸和人造纤维板。

158 佘山胡颓子

Elaeagnus argyi H. Lév.
胡颓子科 Elaeagnaceae　胡颓子属 Elaeagnus

形态特征： 落叶或常绿直立灌木，高 2~3m，通常具刺。小枝近 90° 的角开展，幼枝淡黄绿色，密被淡黄白色鳞片。叶大小不等，发于春秋两季，薄纸质或膜质；发于春季的为小型叶，椭圆形或矩圆形，顶端圆形或钝形，基部钝形，背面有时具星状茸毛；发于秋季的为大型叶，矩圆状倒卵形至阔椭圆形，两端钝形，边缘全缘，淡绿色。花淡黄色或泥黄色，质厚，被银白色和淡黄色鳞片，下垂或开展。果实倒卵状矩圆形，成熟时红色。花期 1~3 月，果期 4~5 月。

分布与生境： 分布于浙江、江苏、安徽、江西、湖北、湖南。生于海拔 100~300m 的林下、路旁、屋旁。

应用价值： 株形自然，花香果红，适作园林观赏树种。

159 中华常春藤

Hedera nepalensis var. **sinensis** Tobl.
Rehder　五加科 Araliaceae　常春藤属 Hedera

形态特征： 常绿攀缘灌木。茎长 3~20m，灰棕色或黑棕色，有气生根。叶片革质，在不育枝上通常为三角状卵形或三角状长圆形，先端短渐尖，基部截形，边缘全缘或 3 裂，花枝上的叶片通常为椭圆状卵形至椭圆状披针形，先端渐尖或长渐尖，基部楔形或阔楔形，全缘或有 1~3 浅裂，正面深绿色，有光泽，背面淡绿色或淡黄绿色，侧脉和网脉两面均明显。伞形花序或再组成总状、伞房状，花淡黄白色或淡绿白色，芳香。果球形，熟时橙红色或黄色。花期 9~11 月，果期翌年 3~5 月。

分布与生境： 分布于华东、华南、西南、华北地区。生于山坡、沟谷林中、林缘，常攀缘于林缘树木、林下路旁、岩石和房屋墙壁上。

应用价值： 全株供药用，有舒筋散风之效；枝叶供观赏用，是优良的地被及垂直绿化植物；茎叶含鞣酸，可提制栲胶。

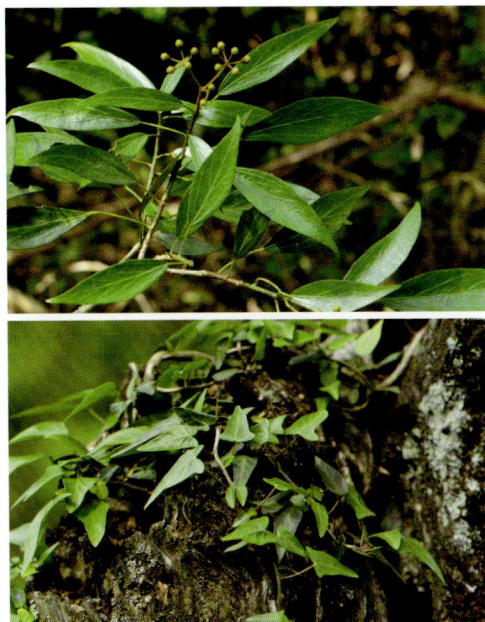

160 秀丽四照花

Dendrobenthamia elegans Fang et Y. T. Hsieh
山茱萸科 Cornaceae　四照花属 Dendrobenthamia

形态特征： 常绿小乔木或灌木，高3~8m。树皮灰白色或灰褐色，平滑。叶对生，亚革质，椭圆形或长圆状椭圆形，全缘，先端渐尖，基部钝尖或宽楔形，正面深绿色，有光泽，背面淡绿色，无毛，中脉在正面明显，背面凸起，侧脉3~4对，弓形内弯，在正面稍明显，背面显著，干时网脉在两面稍明显。头状花序球形，顶生；总苞片淡黄白色；花瓣4，黄绿色。果序球形，成熟时红色。花期6月，果期11月。

分布与生境： 分布于浙江、江西、福建。生于海拔350m以上的沟谷溪边林中。

应用价值： 果实味甜，口感佳，可鲜食、酿酒和制醋；花、果皆美，是观赏、食用兼具的优良树种，极具开发前景。

161 青荚叶

Helwingia japonica (Thunb. ex Murray) F. Dietrich
山茱萸科 Cornaceae　青荚叶属 Helwingia

形态特征： 落叶灌木，高1~2m。幼枝绿色，无毛，叶痕显著。叶纸质，卵形、卵圆形，先端渐尖，基部阔楔形或近于圆形，边缘具刺状细锯齿；叶正面亮绿色，背面淡绿色；中脉及侧脉在正面微凹陷，背面微突出，托叶线状分裂。花淡绿色，雄花呈伞形或密伞花序，常着生于叶正面中脉的1/2~1/3处，雌花1~3枚，着生于叶正面中脉的1/2~1/3处。浆果卵圆形，成熟后黑色。花期4~5月，果期8~9月。

分布与生境： 分布于我国黄河流域以南各地区。常生于海拔3300m以下的林中，喜阴湿及肥沃的土壤。

应用价值： 全株药用，有清热、解毒、活血、消肿的疗效；我国民间或用作阴症药。

162 浙江柿 **Diospyros glaucifolia** Metc.
柿科 Ebenaceae　柿属 Diospyros

形态特征： 落叶乔木，高达 17m。枝深褐色或黑褐色，散生纵裂的唇形小皮孔。叶革质，宽椭圆形、卵形或卵状披针形，先端急尖，基部圆形、截形、浅心形或钝，正面深绿色，无毛，背面粉绿色，无毛或疏生贴伏柔毛，中脉正面凹下，背面明显凸起。花雌雄异株，雄花集成聚伞花序，花冠壶形。浆果球形或扁球形，熟时红色，被白霜。花期 4~6 月，果期 9~11 月。

分布与生境： 分布于华东、西南地区及湖南、广东。生于海拔 1300m 以下的山坡、山谷混交疏林中、密林中，或在山谷涧畔。

应用价值： 柿树育种种质资源；可用作栽培柿树的砧木；未熟果可提取柿漆；果蒂亦入药；木材可作家具等用材。

163 山柿 **Diospyros japonica** Siebold et Zucc.
柿科 Ebenaceae　柿属 Diospyros

形态特征： 落叶乔木，高达 12m。树皮褐色，枝条近无毛，具长圆形或线形皮孔。叶近纸质，宽椭圆形、卵形至卵状披针形，先端渐尖至急尖，基部圆钝或浅心形，正面深绿色，背面粉绿色，侧脉 6~9 对。雌雄异株，雄花小，3 朵集成聚伞花序；雌花单生，花萼绿色，花冠淡黄色。果球形，红色或褐色，宿存萼革质。花期 5~6 月，果期 8~10 月。

分布与生境： 分布于长江流域地区。生于溪边、山谷、山坡杂木林或灌丛中。

应用价值： 果味苦，不能食用，有毒，可以醉鱼；木材可作家具等用材。

164　薄叶山矾　**Symplocos anomala** Brand
山矾科 Symplocaceae　山矾属 Symplocos

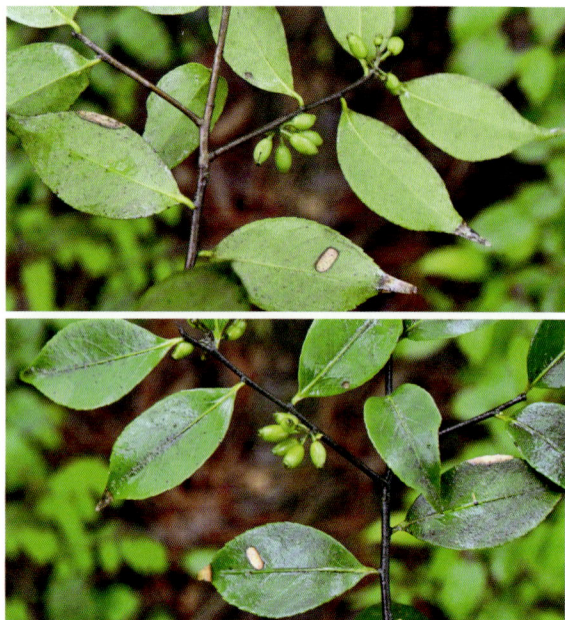

形态特征： 小乔木或灌木。顶芽、嫩枝被褐色柔毛，老枝通常黑褐色。叶薄革质，狭椭圆形、椭圆形或卵形，先端渐尖，基部楔形，全缘或具锐锯齿，叶面有光泽，中脉和侧脉在叶面均凸起，侧脉每边7~10条。总状花序腋生，花冠白色，有桂花香。核果褐色，长圆形，被短柔毛。花果期4~12月，边开花边结果。

分布与生境： 分布于江南各地，东至台湾，西南至西藏。生于海拔1000~1700m 的山地杂林中。

应用价值： 花形如桂，清香宜人，适作园林观赏植物。

165　朝鲜白檀　**Symplocos coreana** (H. Lév.) Ohwi
山矾科 Symplocaceae　山矾属 Symplocos

形态特征： 灌木或小乔木，高2~5m。树皮棕褐色，薄片状脱落；大枝表皮开裂呈纸状剥落。叶互生，叶片椭圆形或倒卵状椭圆形，叶边缘有粗锐腺齿，齿端向前直伸或外展，背面沿脉被柔毛。圆锥花序顶生，花白色，芳香。核果椭圆形或近球形，蓝色。花期5~6月，果期9~10月。

分布与生境： 分布于东北和黄河以南地区。生于海拔700m 以上的沟谷、山坡、山岗林中。

应用价值： 药用，有清热解毒、调气散结、祛风止痒之效；繁花洁白而芬芳，适作风景区、园林绿化树种。

166 拟赤杨(赤杨叶)

Alniphyllum fortunei (Hemsl.) Makino
安息香科 Styracaceae　赤杨叶属 Alniphyllum

形态特征: 乔木,高 15~20m。树干通直,树皮灰褐色,有不规则细纵皱纹。不开裂。叶嫩时膜质,干后纸质,椭圆形、宽椭圆形或倒卵状椭圆形,顶端急尖至渐尖,基部宽楔形或楔形,边缘具疏离硬质锯齿,两面疏生或密被褐色星状短柔毛或星状茸毛,背面褐色或灰白色。总状花序或圆锥花序,顶生或腋生,花序梗和花梗均密被褐色或灰色星状短柔毛,花白色或粉红色。果实长圆形或长椭圆形,疏被白色星状柔毛或无毛,外果皮肉质。花期 4~7 月,果期 8~10 月。

分布与生境: 分布于华东、华中、华南及西南各地。生于海拔 200~2200m 的常绿阔叶林中。

应用价值: 木材纹理通直,结构致密,材质轻软,是优良材用树种。

167 苦枥木

Fraxinus insularis Hemsl.
木犀科 Oleaceae　梣属 Fraxinus

形态特征: 落叶大乔木,高 20~30m。树皮灰色,平滑。芽狭三角状圆锥形,密被黑褐色茸毛。奇数羽状复叶,对生,小叶 3~5 枚,长圆形或椭圆状披针形,先端渐尖或尾状渐尖,基部楔形或圆,边缘有疏钝锯齿或中部以下近全缘,两面无毛。圆锥花序生于当年生枝端,顶生及侧生叶腋,花芳香,花冠白色,裂片匙形。翅果红色至褐色,长匙形,先端钝圆,微凹头并具短尖。花期 4~5 月,果期 7~9 月。

分布与生境: 分布于长江以南各地。适应性强,生于沟谷溪边或山坡林中。

应用价值: 材用树种;叶可饲养白蜡虫、制取白蜡;花繁果密,可作秋色叶树种。

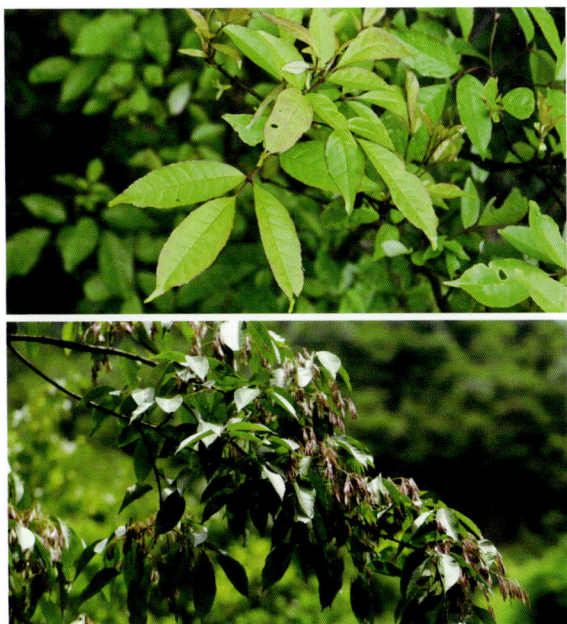

168 蓬莱葛

Gardneria multiflora Makino
马钱科 Loganiaceae　蓬莱葛属 Gardneria

形态特征： 木质藤本，长达 8m。枝条圆柱形，有明显的叶痕；除花萼裂片边缘有睫毛外，全株均无毛。叶片纸质至薄革质，椭圆形、长椭圆形或卵形，顶端渐尖或短渐尖，基部宽楔形、钝或圆，正面绿色而有光泽，背面浅绿色，侧脉每边 6~10 条，正面扁平，背面凸起，叶柄腹部具槽，叶柄间托叶线明显。花很多而组成腋生的二至三歧聚伞花序，花冠辐状，黄色或黄白色。浆果圆球状，成熟时红色。花期 3~7 月，果期 7~11 月。

分布与生境： 分布于华东、华中、华南、西南地区。生于山坡阴湿处林下、沟谷溪边灌丛中或岩石旁。

应用价值： 根、叶可供药用；枝叶美观，攀缘性强，适于园林垂直绿化。

169 老鸦糊

Callicarpa giraldii Hesse ex Rehder
马鞭草科 Verbenaceae　紫珠属 Callicarpa

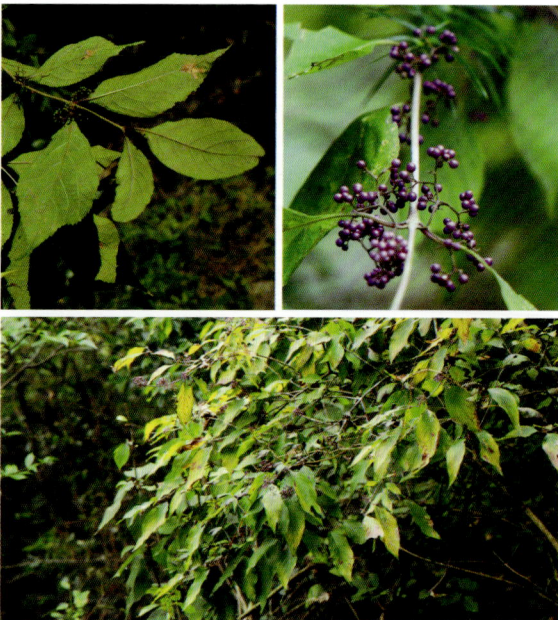

形态特征： 灌木，高 1~3m。小枝圆柱形，灰黄色，被星状毛。叶片纸质，宽椭圆形至披针状长圆形，顶端渐尖，基部楔形或下延成狭楔形，边缘有锯齿，正面黄绿色，稍有微毛，背面淡绿色，疏被星状毛和细小黄色腺点，侧脉 8~10 对，主脉、侧脉和细脉在背面隆起，细脉近平行。聚伞花序，4~5 次分歧，花冠紫色，具黄色腺点。果实球形，紫色。花期 5~6 月，果期 7~11 月。

分布与生境： 分布于黄河流域及其以南各地。生于疏林下、溪沟边或灌丛中。

应用价值： 全株入药能清热、活血、解毒。

170 秃红紫珠 *Callicarpa subglabra* (Pei) L. X. Ye et B. Y. Ding
马鞭草科 Verbenaceae　紫珠属 Callicarpa

形态特征： 落叶灌木。全株无毛，枝稍带紫褐色。小枝、叶片、花序和花萼、花冠均无毛。叶形大小变化较大，倒卵形至椭圆状披针形，基部浅心形至圆形，不呈耳垂状，边缘具锯齿，叶柄短。聚伞花序，花冠紫红色。果实球形，紫色。花期6~7月，果期7~9月。

分布与生境： 分布于江西、浙江、湖南、广东、贵州。生于海拔100~1200m的山坡、溪旁林中和灌丛中。

应用价值： 药用植物。

171 海桐叶白英 *Solanum pittosporifolium* Hemsl.
茄科 Solanaceae　茄属 Solanum

形态特征： 无刺蔓生灌木，长达1m。植株光滑无毛，小枝纤细，具棱角。叶互生，披针形至卵圆状披针形，先端渐尖，基部圆、钝或楔形，有时稍偏斜，全缘，两面均光滑无毛，侧脉每边6~7条，在两面均较明显。聚伞花序腋外生，疏散，花冠白色，少数为紫色，花冠筒隐于萼内。浆果球状，成熟后红色。花期6~8月，果期9~12月。

分布与生境： 分布于华东、西南、华南地区及湖南、河北。生长于密林或疏林下。

应用价值： 果实鲜红，适作园林观赏植物。

172 羊角藤

Morinda umbellata subsp. **obovata** Y. Z. Ruan
茜草科 Rubiaceae　巴戟天属 Morinda

形态特征： 常绿木质藤本。嫩枝无毛，绿色，老枝具细棱，蓝黑色。叶纸质或革质，倒卵形、倒卵状披针形或倒卵状长圆形，顶端渐尖或具小短尖，基部渐狭或楔形，全缘，正面常具蜡质，光亮，干时淡棕色至棕黑色，中脉通常两面无毛，叶柄常被不明显粒状疏毛。由头状花序组成的伞形式花序顶生；花小，白色。聚花果扁球形或近肾形，熟时红色。花期 6~7 月，果熟期 10~11 月。

分布与生境： 分布于我国西南至东南地区。生于山坡、谷地及溪边路旁林中。

应用价值： 藤枝细长，叶片常绿，果形奇特，色彩艳丽，是优良的观果藤本，宜作藤架、藤廊及墙隅配植；根及根皮入药，可治风湿痹痛、肾虚腰痛。

173 菰腺忍冬

Lonicera hypoglauca Miq.
忍冬科 Caprifoliaceae　忍冬属 Lonicera

形态特征： 落叶藤本。幼枝、叶柄、叶正面和背面中脉及总花梗均密被上端弯曲的淡黄褐色短柔毛。叶纸质，卵形至卵状矩圆形，顶端渐尖或尖，基部近圆形或带心形，背面有时粉绿色，有无柄或具极短柄的黄色至橘红色蘑菇状腺。双花并生或多朵簇生于侧生短枝上，或于小枝顶端集合成总状。花冠白色，有时有淡红晕，后变黄色。果实熟时黑色，近圆形。花期 4~5 月，果熟期 10~11 月。

分布与生境： 分布于华东、华中、华南、西南地区。生于灌丛或疏林中，常攀缘于树冠上。

应用价值： 优良观花藤本；嫩枝、花蕾入药；花可食用。

174 菝葜 **Smilax china** Linn.
百合科 Liliaceae　菝葜属 Smilax

形态特征： 落叶攀缘藤本或灌木状。茎长 1~3m，被疏刺。单叶互生，叶厚纸质至薄革质，近圆形、卵形或椭圆形，背面通常淡绿色，叶柄具卷须，翅状托叶鞘条状披针形或披针形，脱落点位于卷须着生处。伞形花序生于叶尚幼嫩的小枝上，具十几朵或更多的花，花绿黄色。浆果熟时红色，有粉霜。花期 2~5 月，果期 9~11 月。

分布与生境： 分布于华东、华中、华南及西南地区。生于海拔 1900m 以下的山区、丘陵、海岛等。

应用价值： 根状茎富含淀粉，可酿酒，也可药用；嫩茎可蔬食。

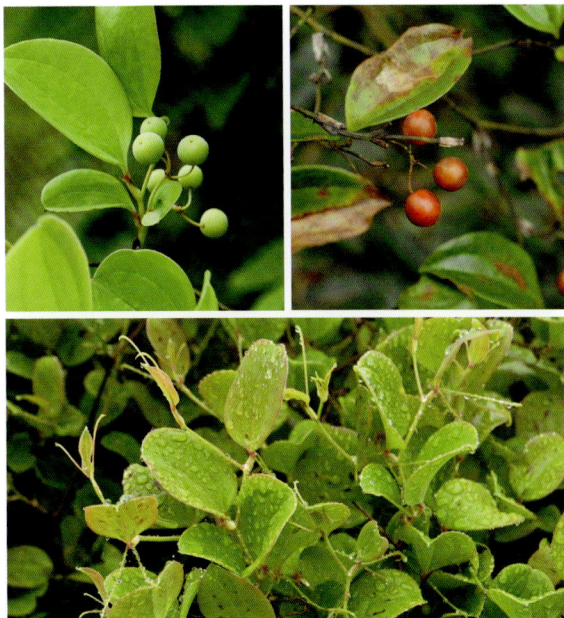

175 肖菝葜 **Heterosmilax japonica** Kunth
百合科 Liliaceae　肖菝葜属 Heterosmilax

形态特征： 攀缘灌木，无毛。小枝有钝棱。叶纸质，卵形、卵状披针形或近心形，先端渐尖或短渐尖，有短尖头，基部近心形，主脉 5~7 条，边缘 2 条到顶端与叶缘汇合，支脉网状，在两面明显，叶柄在下部 1/3~1/4 处有卷须和狭鞘。伞形花序有 20~50 朵花，生于叶腋或生于褐色的苞片内。浆果球形而稍扁，熟时黑色。花期 6~8 月，果期 7~11 月。

分布与生境： 分布于长江流域及其以南各地。生于山坡密林中或路边杂木林下。

应用价值： 果紫黑色，可供园林观赏和垂直绿化；根状茎可入药；带叶嫩芽可食用。

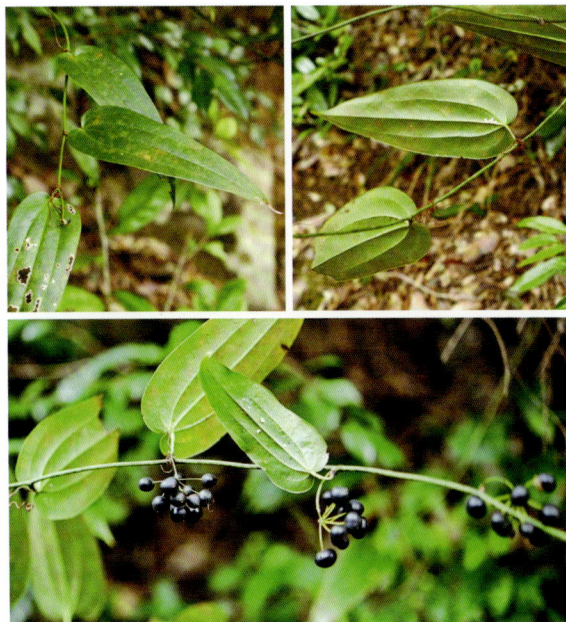

176 小果菝葜 *Smilax davidiana* A. DC.
百合科 Liliaceae　菝葜属 Smilax

形态特征： 攀缘灌木，具粗短的根状茎。茎长 1~2m，具疏刺。叶坚纸质，干后红褐色，通常椭圆形，先端微凸或短渐尖，基部楔形或圆形，背面淡绿色，叶柄较短，有细卷须，脱落点位于近卷须上方。伞形花序生于叶尚幼嫩的小枝上，具几朵至 10 余朵花，花绿黄色。浆果球形，熟时暗红色。花期 3~4 月，果期 10~11 月。

分布与生境： 分布于华东、华南地区。生于海拔 800m 以下的林下、灌丛中或山坡、路边阴处。

应用价值： 茎紫红色，叶常具紫红色斑纹，红果鲜艳，可供边坡覆绿；果序可作切花材料；带叶嫩芽可食；根状茎入药。

177 黑果菝葜 *Smilax glaucochina* Warb.
百合科 Liliaceae　菝葜属 Smilax

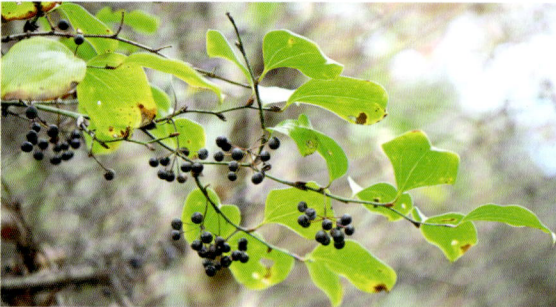

形态特征： 攀缘灌木，具粗短的根状茎。茎长 0.5~4m，通常疏生刺。叶厚纸质，通常椭圆形，先端微凸，基部圆形或宽楔形，背面苍白色，多少可以抹掉；叶柄约占全长的一半，具鞘，有卷须，脱落点位于上部。伞形花序通常生于叶稍幼嫩的小枝上，具几朵或 10 余朵花，花绿黄色。浆果熟时黑色，具粉霜。花期 3~5 月，果期 10~11 月。

分布与生境： 分布于黄河流域以南地区。生于海拔 1600m 以下的林下、灌丛中或山坡上。

应用价值： 本种根状茎富含淀粉，可以制糕点或加工食用。

3 观叶植物

178 鱼鳞云杉

Picea jezoensis var. **microsperma** (Lindl.) Cheng et L. K. Fu
松科 Pinaceae　云杉属 Picea

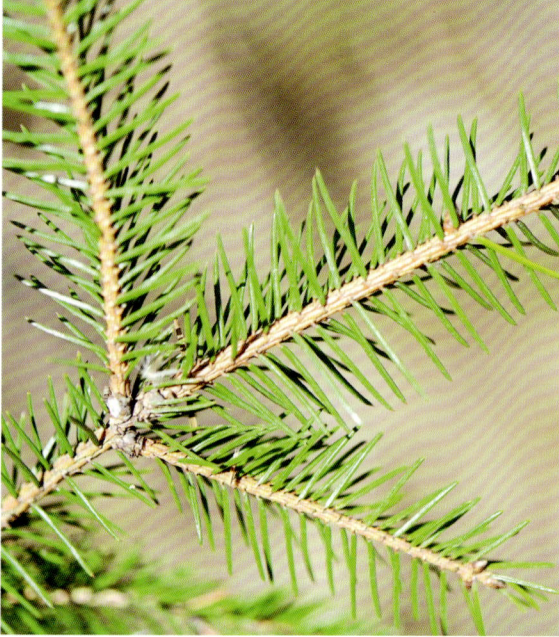

形态特征： 乔木，高达 50m。树皮裂成鳞状块片，树冠尖塔形或圆柱形。小枝上面之叶覆瓦状向前伸展，下面及两侧之叶向两侧弯伸，条形，先端常微钝，正面有 2 条白粉气孔带，每带有 5~8 条气孔线，背面光绿色，无气孔。球果矩圆状圆柱形或长卵圆形，成熟前绿色，熟时褐色或淡黄褐色。子叶 5~8 枚，条状钻形，上面中脉隆起，有齿毛；初生叶扁条形，边缘有疏生齿毛。花期 5~6月，球果 9~10 月成熟。

分布与生境： 分布于我国东北大兴安岭至小兴安岭南端及松花江流域中下游。生于海拔 300~800m，气候寒凉，棕色森林土的丘陵或缓坡地带。

应用价值： 材用植物；树皮可提栲胶；树干可割取松脂；叶可提芳香油。

179 银叶柳

Salix chienii Cheng
杨柳科 Salicaceae　柳属 Salix

形态特征： 灌木或小乔木，高可达12m。树干通常弯曲，树皮暗褐灰色，纵浅裂。叶长椭圆形、披针形或倒披针形，先端急尖或钝尖，基部阔楔形或近圆形，幼叶两面有绢状柔毛，成叶正面绿色，无毛或有疏毛，背面苍白色，有绢状毛，侧脉8~12对，边缘具细腺锯齿。花序与叶同时开放或稍先叶开放，雄花序圆柱状。蒴果卵状长圆形。花期4月，果期5月。

分布与生境： 分布于浙江、江西、江苏、安徽、湖北、湖南。生于海拔500~600m溪流两岸的灌木丛中。

应用价值： 树姿优美，适作园林观赏植物。

180 短尾鹅耳枥 *Carpinus londoniana* H. Winkl.
桦木科 Betulaceae　鹅耳枥属 Carpinus

形态特征： 乔木，高 10~20m。树皮深灰色，小枝棕褐色，密生白色皮孔，无毛。叶厚纸质，椭圆形、矩圆形、卵状披针形，顶端渐尖、尾状渐尖至长尾状，基部圆楔形、圆形兼有微心形，边缘具规则或不规则的重锯齿，侧脉 12~15 对。果序下垂；序梗疏被短柔毛；序轴纤细，果苞内外侧基部均具裂片，近无毛。小坚果宽卵圆形。花期 4~5 月，果期 9~10 月。

分布与生境： 分布于华东、华中、华南、西南地区。生于海拔 700~2600m 的山坡杂木林中。

应用价值： 枝叶茂密，叶形秀丽，适作园林观赏植物。

181 光叶水青冈 *Fagus lucida* Rehder et E. H. Wilson
壳斗科 Fagaceae　水青冈属 Fagus

形态特征： 乔木，高达 25m。一、二年生枝紫褐色，有长椭圆形皮孔，三年生枝苍灰色。叶卵形，顶部短至渐尖，基部宽楔形或近于圆，两侧略不对称，叶缘有锐齿，侧脉每边 9~12 条，直达齿端，新生嫩叶的叶柄、背面中脉及侧脉被黄棕色长柔毛。壳斗成熟时，叶片的毛全部或几乎全部脱落。总梗初时被毛，后期无毛。坚果与裂瓣约等长或稍较长，有坚果 1 或 2 个，坚果脊棱的顶部无膜质翅或几无翅。花期 4~5 月，果期 9~10 月。

分布与生境： 分布于长江以南地区。生于海拔 750~2000m 山地林中。

应用价值： 种子榨油，出油率高。

182 绿叶甘橿

Lindrera neesiana (Nees) H. Kurz
樟科 Lauraceae   山胡椒属 Lindera

形态特征： 灌木。小枝黄绿色，有黑色斑块，无毛。叶纸质，宽卵形至卵形，先端渐尖，基部圆形至宽楔形，正面无毛，背面灰绿色，幼时密被脱落性细柔毛，三出脉或离基三出脉。果鲜红色。花期 4~5 月，果期 10 月。

分布与生境： 分布于华东、华中、西南地区及陕西。生于海拔 300~800m 的山坡、沟谷林下及灌丛中。

应用价值： 叶色浓绿，红果鲜艳悦目，适作园林观赏树种；芳香、油料树种。

183 浙江樟

Cinnamomum chekiangense Nakai
樟科 Lauraceae   樟属 Cinnamomum

形态特征： 中乔木。树皮灰褐色，小树平滑，大树圆块形剥落；小枝绿色，连同叶背、叶柄被脱落性细短柔毛。叶近对生或互生，革质，叶片椭圆状披针形至卵状披针形，先端长渐尖至尾尖，正面深绿色，光亮，背面微被白粉，离基三出脉。果卵形，蓝黑色。花期 4~5 月，果期 10 月。

分布与生境： 分布于华东、华中地区。生于山坡、沟谷阔叶林中。

应用价值： 主干通直，枝叶浓密，适作庭院、公园观赏及行道绿化树种；材质优良；芳香、油料树种；干燥树皮可代桂皮；枝皮、树皮药用。

184 红楠
Machilus thunbergii Sieb. et Zucc.
樟科 Lauraceae 润楠属 Machilus

形态特征： 常绿中等乔木，通常高10~15m，树皮黄褐色。叶倒卵形至倒卵状披针形，先端短突尖或短渐尖，尖头钝，基部楔形，革质，正面黑绿色，有光泽，背面色较淡，带粉白，侧脉每边7~12条。花序顶生或在新枝上腋生，无毛。果扁球形，黑紫色，果梗鲜红色。花期2月，果期7月。

分布与生境： 分布于华东、华南及湖南地区。生于海拔1300m以下的山地阔叶混交林中。

应用价值： 叶可提取芳香油；种子油可制肥皂和润滑油；树皮入药，有舒筋活络之效；树姿优美，叶色浓绿，适作园林观赏树种。

185 毛山荆子
Malus baccata var. **mandshurica** (Maxim.) Schneid.
蔷薇科 Rosaceae 苹果属 Malus

形态特征： 乔木，高达15m。叶互生，叶片卵形或椭圆形，先端急尖或渐尖，基部楔形或近圆形，边缘有细锯齿，基部锯齿浅钝近于全缘，两面中脉及侧脉具柔毛。伞形花序顶生，花蕾紫红色，开后白色带紫晕。果实椭圆形或倒卵形，红色，萼片脱落。花期5~6月，果期8~9月。

分布与生境： 分布于西北、东北地区及河北、浙江。生于海拔1100~1500m的山坡杂木林或山顶林中。

应用价值： 可作苹果或花红等果树砧木；也可供观赏。

186 缺萼枫香树

Liquidambar acalycina Hung T. Chang
金缕梅科 Hamamelidaceae　枫香树属 Liquidambar

形态特征： 落叶乔木，高达 25m。树皮黑褐色，小枝无毛，有皮孔，干后黑褐色。叶阔卵形，掌状 3 裂，中央裂片较长，先端尾状渐尖，两侧裂片三角卵形，稍平展；叶正背两面均无毛，暗晦无光泽，掌状脉 3~5 条，网脉在叶正背两面均明显；边缘有锯齿，齿尖有腺状突。雄性短穗状花序多个排成总状花序，雌性头状花序单生于短枝的叶腋内。头状果序干后变黑褐色，宿存花柱粗而短，稍弯曲，不具萼齿。花期 4~5 月，果期 7~10 月。

分布与生境： 分布于四川、安徽、湖北、江苏、浙江、江西、广东、广西及贵州等地区。多生于海拔 600m 以上的山地和常绿树混交林。

应用价值： 木材供建筑及制作家具。

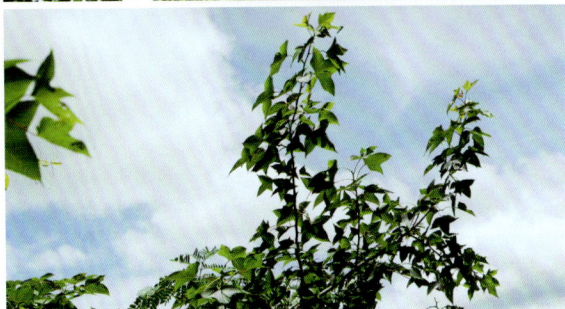

187 刺叶桂樱

Laurocerasus spinulosa (Sieb. et Zucc.) Schneid.
蔷薇科 Rosaceae　桂樱属 Laurocerasus

形态特征： 常绿乔木，高可达 20m。小枝紫褐色或黑褐色，具明显皮孔。叶片草质至薄革质，长圆形或倒卵状长圆形，先端渐尖至尾尖，基部宽楔形至近圆形，边缘不平而常呈波状，中部以上或近顶端常具少数针状锐锯齿，叶正面亮绿色，背面侧脉稍明显。总状花序生于叶腋，单生，白色。果实椭圆形，褐色至黑褐色。花期 9~10 月，果期 11~3 月。

分布与生境： 分布于长江流域以南地区。生于海拔 400~1500m 的山坡阳处疏密杂木林中或山谷、沟边阴暗阔叶林下及林缘。

应用价值： 树体通直，叶色浓绿，花色洁白，适作园林观赏树种；种子药用。

188 绢毛稠李 *Padus wilsonii* Schneid.
蔷薇科 Rosaceae 稠李属 Padus

形态特征： 落叶乔木，高 10~30m。树皮灰褐色，有长圆形皮孔；多年生小枝粗壮，紫褐色或黑褐色，有明显密而浅色皮孔。叶片椭圆形、长圆形或长圆状倒卵形，先端短渐尖或短尾尖，基部圆形、楔形或宽楔形，叶边有疏生圆钝锯齿，正面深绿色或带紫绿色，中脉和侧脉均下陷，背面淡绿色，幼时密被白色绢状柔毛，随叶片的成长颜色变棕色。总状花序具有多数花朵，花瓣白色，倒卵状长圆形。核果球形或卵球形，幼果红褐色，老时黑紫色。花期 4~5 月，果期 6~10 月。

分布与生境： 分布于陕西、湖北、湖南、江西、安徽、浙江、广东、广西、贵州、四川、云南和西藏等地区。生于海拔 950~2500m 山坡、山谷或沟底等处。

应用价值： 药用植物；材用植物；园林观赏植物。

189 石楠 *Photinia serratifolia* (Desf.) Kalkman
蔷薇科 Rosaceae 石楠属 Photinia

形态特征： 常绿灌木或小乔木，高达 12m。枝褐灰色，无毛。叶片革质，长椭圆形、长倒卵形或倒卵状椭圆形，先端尾尖，基部圆形或宽楔形，边缘有疏生具腺细锯齿，近基部全缘，叶正面光亮，幼时中脉有茸毛，中脉显著。复伞房花序顶生，花密生，花白色。果实球形，红色，后成褐紫色。花期 4~5 月，果期 10 月。

分布与生境： 分布于华东、华中、华南、西南及西北地区。生于海拔 1200m 以下的山坡、沟谷或杂木林中。

应用价值： 叶丛浓密，嫩叶红色，花白色，冬季果实红色，是常见的栽培树种；木材坚韧致密，可制车轮及器具柄；叶和根供药用为强壮剂、利尿剂，有镇静解热等作用；可作土农药防治蚜虫；种子榨油供制油漆、肥皂或润滑油；可作枇杷的嫁接砧木。

190 绒毛石楠

Photinia schneideriana Rehd. et Wils.
蔷薇科 Rosaceae　石楠属 Photinia

形态特征： 灌木或小乔木，高达 7m。幼枝有稀疏长柔毛，一年生枝紫褐色，老时带灰褐色，具梭形皮孔。叶片长圆状披针形或长椭圆形，先端渐尖，基部宽楔形，边缘有锐锯齿，正面初疏生长柔毛，后脱落，背面被稀疏茸毛。花多数，成顶生复伞房花序，花白色。果实卵形，带红色，有小疣点，顶端具宿存萼片。花期 5 月，果期 10 月。

分布与生境： 分布于浙江、江西、湖南、湖北、四川、贵州、福建、广东。生于海拔 1000~1500m 山坡疏林中。

应用价值： 枝繁叶茂，适作园林观赏树种。

191 周毛悬钩子

Rubus amphidasys Focke
蔷薇科 Rosaceae　悬钩子属 Rubus

形态特征： 蔓生性小灌木，高 0.3~1m。枝红褐色，枝、叶柄、总花梗、花梗和花萼均密被红褐色长腺毛、软刺毛和淡黄色长柔毛，常无皮刺。单叶，宽长卵形，顶端短渐尖或急尖，基部心形，两面均被长柔毛，边缘 3~5 浅裂，裂片圆钝。花常 5~12 朵成近总状花序，顶生或腋生，花瓣宽卵形至长圆形，白色。果实扁球形，暗红色。花期 5~6 月，果期 7~8 月。

分布与生境： 分布于江西、湖北、湖南、安徽、浙江、福建、广东、广西、四川、贵州。生于海拔 400~1600m 山坡路旁丛林、竹林内或山地红黄壤林下。

应用价值： 果可食；全株入药，有活血、治风湿之效。

192 红腺悬钩子　*Rubus sumatranus* Miq.
蔷薇科 Rosaceae　悬钩子属 Rubus

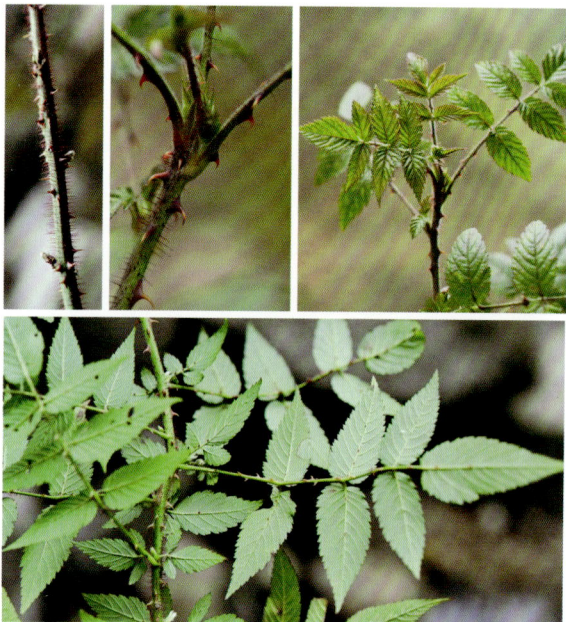

形态特征： 直立或攀缘灌木。小枝、叶轴、叶柄、花梗和花序均被紫红色腺毛、柔毛和皮刺。奇数羽状复叶，互生，小叶 5~7 枚，卵状披针形至披针形，顶端渐尖，基部圆形，两面疏生柔毛，沿中脉较密，背面沿中脉有小皮刺，边缘具不整齐的尖锐锯齿。花 3 朵或数朵成伞房状花序，花瓣长倒卵形或匙状，白色。果实长圆形，橘红色。花期 4~6 月，果期 7~8 月。

分布与生境： 分布于华东、华南、西南地区及湖北、湖南。生于海拔 2000m 山地、山谷疏密林内、林缘、灌丛内、竹林下及草丛中。

应用价值： 根入药，有清热、解毒、利尿之效。

193 粉花绣线菊　*Spiraea japonica* L. f.
蔷薇科 Rosaceae　绣线菊属 Spiraea

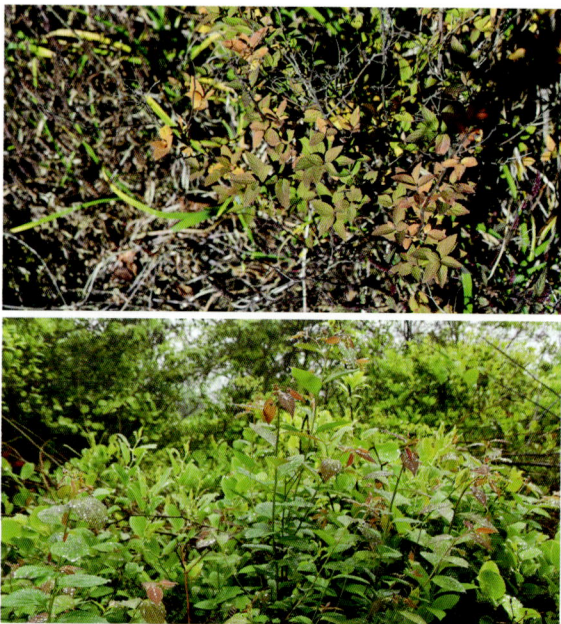

形态特征： 直立灌木，高达 1.5m。枝条细长，开展。叶片卵形至卵状椭圆形，先端急尖至短渐尖，基部楔形，边缘有缺刻状重锯齿或单锯齿，背面色浅或有白霜，通常沿叶脉有短柔毛。复伞房花序生于当年生的直立新枝顶端，花朵密集，密被短柔毛，花粉红色。蓇葖果半开张，无毛或沿腹缝有稀疏柔毛。花期 6~7 月，果期 8~9 月。

分布与生境： 分布于全国除东北地区以外各地。生于海拔 400~1700m 的路边、林缘或山顶灌丛中。

应用价值： 全株药用，有解毒生肌、通便、利尿之效；花序繁茂，具有观赏价值，适作地被。

194 马鞍树
Maackia hupehensis Takeda
豆科 Leguminosae　马鞍树属 Maackia

形态特征： 落叶乔木，高 5~23m。树皮绿灰色或灰黑褐色，平滑。幼枝及芽被灰白色柔毛，老枝紫褐色。奇数羽状复叶互生，卵形、卵状椭圆形或椭圆形，先端钝，基部宽楔形或圆形，背面密被平伏褐色短柔毛，中脉尤密。总状花序集生枝顶，总花梗密被淡黄褐色柔毛，花密集，白色。荚果阔椭圆形或长椭圆形，扁平，褐色。花期 6~7 月，果期8~9 月。

分布与生境： 分布于华东、华中地区及陕西、四川。生于海拔 550~2300m 的山坡、溪边、谷地。

应用价值： 树形优美，春叶银白，宜作景观树、行道树。

195 臭辣树
Euodia fargesii Dode
芸香科 Rutaceae　吴茱萸属 Euodia

形态特征： 落叶乔木，高达 17m。树皮平滑，暗灰色，嫩枝紫褐色，散生小皮孔。小叶 5~9 片，斜卵形至斜披针形，基部通常一侧圆，另一侧楔尖，叶背灰绿色，干后带苍灰色，沿中脉两侧有灰白色卷曲长毛，或在脉腋上有卷曲丛毛，油点不显或甚细小且稀少，叶缘波纹状或有细钝齿。聚伞状圆锥花序顶生，花白色或淡绿色。蓇葖果，熟时紫红色或淡红色。花期 6~8 月，果期 8~10 月。

分布与生境： 分布于华东、华中、华南、西南地区及陕西。生于海拔600~1500m 山地、山谷较湿润地方。

应用价值： 果实可入药，具温中散寒、下气止痛之效。

196 朵椒 *Zanthoxylum molle* Rehder

芸香科 Rutaceae　花椒属 Zanthoxylum

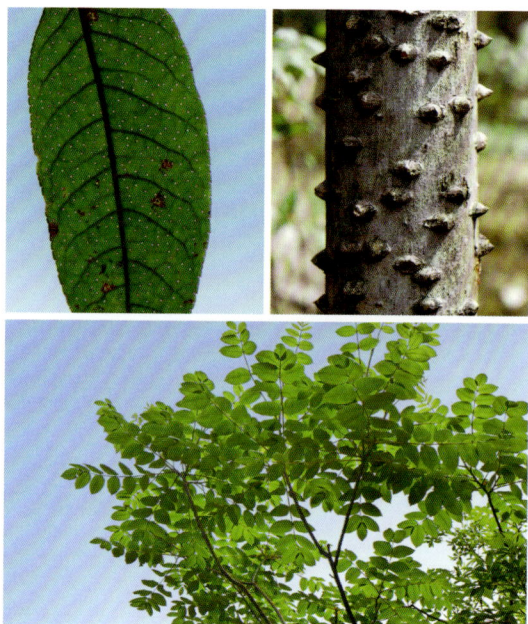

形态特征：落叶乔木，高达 10m。茎干有鼓钉状锐刺，花序轴及枝顶部散生较多的短直刺，嫩枝的髓部大且中空。小叶对生，几无柄，厚纸质，阔卵形或椭圆形，顶部急尖，基部圆或略呈心脏形，全缘或有细裂齿，背面密被白灰色或黄灰色毡状茸毛，油点不显或稀少。花序顶生，花梗淡紫红色，花瓣白色。果柄及分果瓣淡紫红色，油点多。花期 6~8 月，果期 10~11 月。

分布与生境：分布于华东、华中及西南地区。生于海拔 1200m 以下的疏林或灌木丛中。

应用价值：叶、果可提芳香油；根、茎、叶、果均可入药。

197 臭椿 *Ailanthus altissima* Swingle

苦木科 Simaroubaceae　臭椿属 Ailanthus

形态特征：落叶乔木，高可达 20m，树皮平滑而有直纹；嫩枝有髓，幼时被黄色或黄褐色柔毛。叶为奇数羽状复叶，小叶对生或近对生，纸质，卵状披针形，先端长渐尖，基部偏斜，两侧各具 1 或 2 个粗锯齿，齿背有腺体 1 个，叶正面深绿色，背面灰绿色，揉碎后具臭味。圆锥花序顶生，花淡绿。翅果长椭圆形。花期 4~5 月，果期 8~10 月。

分布与生境：分布于我国辽宁以南、广东以北、甘肃以东广大地区。生于海拔 1000m 以下向阳山坡或沟谷林中。

应用价值：可作石灰岩地区的造林树种；也可作园林风景树和行道树；木材可制作农具车辆等；叶可饲椿蚕（天蚕）；树皮、根皮、果实均可入药，有清热利湿、收敛止痢等效；种子可榨油；木纤维可制纸浆。

198 香椿 **Toona sinensis** (A. Juss.) Roem.

楝科 Meliaceae　香椿属 Toona

形态特征： 落叶乔木。树皮粗糙，深褐色，片状脱落。叶具长柄，偶数羽状复叶，小叶 16~20 枚，对生或互生，纸质，卵状披针形或卵状长椭圆形，先端尾尖，基部一侧圆形，另一侧楔形，不对称，边全缘或有疏离的小锯齿，两面均无毛，无斑点，背面常呈粉绿色。圆锥花序顶生，多花，花瓣白色。蒴果狭椭圆形，深褐色，有小而苍白色的皮孔。花期 6~8 月，果期 10~12 月。

分布与生境： 分布于辽宁以南，西至甘肃、东至华东、南至海南、西南至四川。生于山地杂木林或疏林中。

应用价值： 幼芽嫩叶芳香可口，供蔬食；材质优良；根皮及果入药，有收敛止血、去湿止痛之功效。

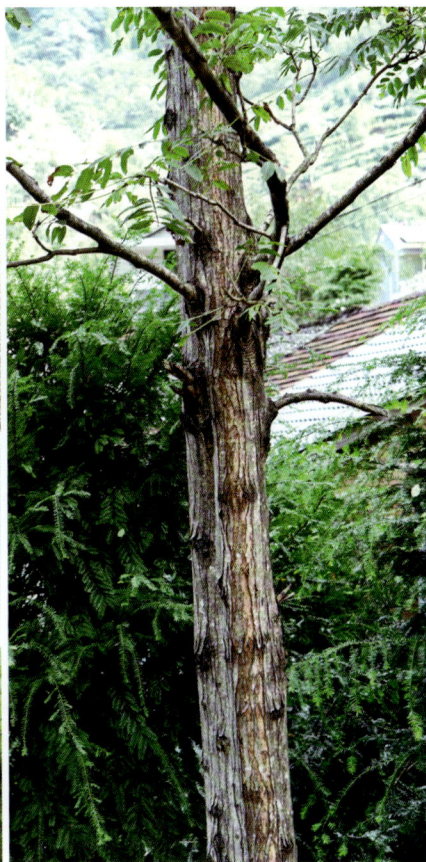

199 毛黄栌

Cotinus coggygria var. **pubescens** Engl.
漆树科 Anacardiaceae　黄栌属 Cotinus

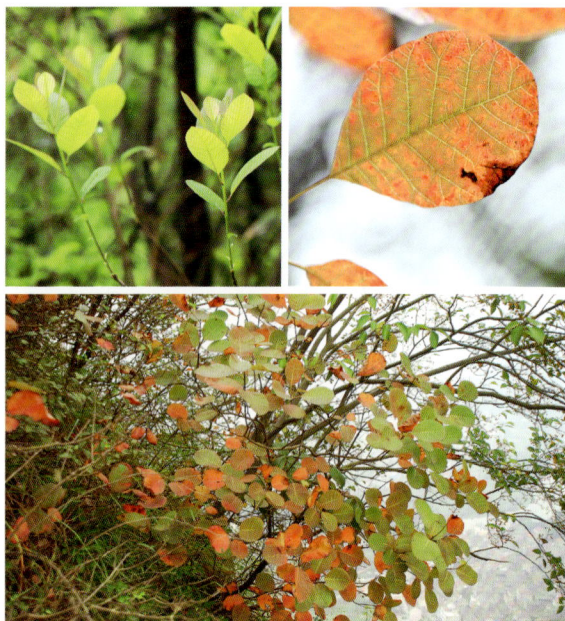

形态特征: 落叶灌木, 高 1~5m。小枝红褐色被白色短柔毛。单叶互生; 叶片卵圆形至宽椭圆形, 先端钝圆, 基部圆形或宽楔形, 全缘。圆锥花序顶生; 花杂性, 小, 黄色; 不孕花梗果期伸长, 密生开展的紫红色羽毛状长毛。核果红色, 肾形。花期 4~5 月, 果期 7~9 月。

分布与生境: 分布于贵州、四川、甘肃、陕西、山西、山东、河南、湖北、江苏、浙江。生于低海拔的山坡灌丛中或岩缝中。

应用价值: 枝叶清秀, 叶片秋季变紫红、艳红或橙红色, 艳丽夺目, 是优良的秋色叶树种; 树皮、叶可提制栲胶; 木材可提黄色染料; 枝、叶可入药。

200 野漆树

Toxicodendron succedaneum (L.) Kuntze
漆树科 Anacardiaceae　漆属 Toxicodendron

形态特征: 落叶乔木或小乔木, 高达 10m。小枝粗壮, 顶芽大, 紫褐色。奇数羽状复叶互生, 常集生小枝顶端, 有小叶 4~7 对, 对生或近对生, 坚纸质至薄革质, 长圆状椭圆形至卵状披针形, 先端渐尖或长渐尖, 基部偏斜, 圆形或阔楔形, 全缘, 两面无毛, 背面常具白粉。圆锥花序腋生, 多分枝, 花黄绿色。核果大, 偏斜, 外果皮薄, 淡黄色。花期 5~6 月, 果期 8~10 月。

分布与生境: 分布于华北地区至长江以南各地。生于海拔 1200m 以下的向阳山坡林中或林缘。

应用价值: 根、叶及果入药, 有清热解毒、散瘀生肌、止血、杀虫之效; 材用、油料树种。

201 木蜡树 **Toxicodendron sylvestre** (Sieb. et Zucc.) O. Kuntze
漆树科 Anacardiaceae 漆属 Toxicodendron

形态特征： 落叶乔木或小乔木，高达10m。幼枝和芽被黄褐色茸毛，树皮灰褐色。奇数羽状复叶互生，有小叶3~6对。小叶对生，纸质，卵形、卵状椭圆形或长圆形，先端渐尖或急尖，基部不对称，圆形或阔楔形，全缘。圆锥花序腋生，密被锈色茸毛，花黄色。核果扁球形，成熟时不裂，黄褐色。花期4~5月，果期8~10月。

分布与生境： 分布于长江流域及其以南各地。生于海拔1000m以下的向阳山坡、林中。

应用价值： 树干韧皮部割取生漆，是一种优良的防腐、防锈的涂料；种子油可制油墨、肥皂；果皮可取蜡，用作蜡烛、蜡纸；叶、根可作土农药；虽叶色丰富，但易使部分人过敏，故较适于野外观赏而不适合园林应用。

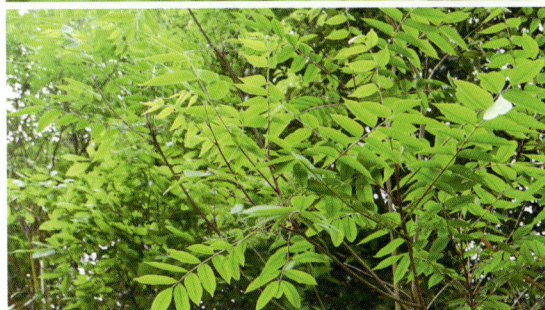

202 铁冬青 **Ilex rotunda** Thunb.
冬青科 Aquifoliaceae 冬青属 Ilex

形态特征： 常绿灌木或乔木，高可达20m。较老枝具纵裂缝，叶痕倒卵形或三角形，稍隆起。叶仅见于当年生枝上，叶片薄革质或纸质，卵形、倒卵形或椭圆形，先端短渐尖，基部楔形或钝，全缘，稍反卷，两面无毛，主脉在叶正面凹陷，背面隆起。聚伞花序或伞形状花序，单生于当年生枝的叶腋内，花白色。果近球形，成熟时红色。花期3~4月，果期8~12月。

分布与生境： 分布于长江流域以南地区及台湾。生于海拔400~1100m的山坡常绿阔叶林中和林缘。

应用价值： 叶和树皮入药，有凉血散血、清热利湿、消炎解毒，消肿镇痛之功效；兽医用其治胃溃疡、感冒发热和各种痛症、热毒、阴疮；枝叶作造纸糊料原料；树皮可提制染料和栲胶；木材作细工用材。

203 肉花卫矛

Euonymus carnosus Hemsl.
卫矛科 Celastraceae　卫矛属 Euonymus

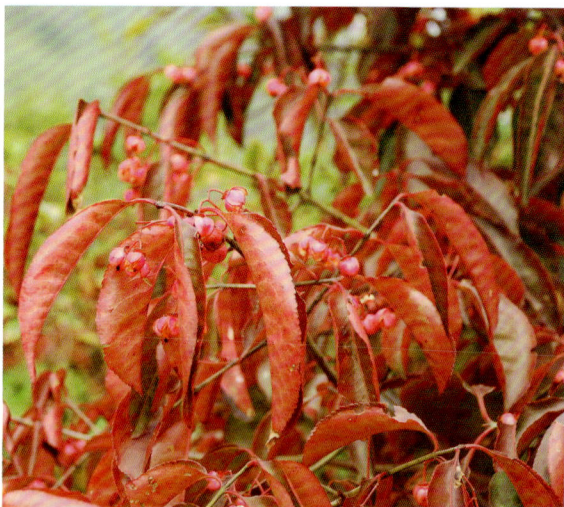

形态特征： 半常绿小乔木或灌木，高3~10m。树皮灰黑色，老树具纵裂纹。单叶对生，叶片长圆状椭圆形或长圆状倒卵形，先端突成短渐尖，基部圆阔，边缘具细锯齿。伞形花序，花淡黄色。蒴果近球形，具4翅棱，淡红色。花期5~6月，果期8~10月。

分布与生境： 分布于华东地区及湖北、台湾。生于海拔1300m以下的沟谷溪边、山坡林中或林缘岩石旁。

应用价值： 树皮药用，治疗腰膝疼痛；果实及假种皮红艳夺目，秋叶色彩丰富，具有较好的观赏性。

204 毛脉槭

Acer pubinerve Rehder
槭树科 Aceraceae　槭属 Acer

形态特征： 落叶乔木，高 7~10m。树皮深灰色，平滑。小枝圆柱形，无毛，当年生嫩枝淡紫绿色或淡绿色。叶纸质，基部近于心脏形，5 裂，裂片卵形或长圆状卵形，先端尾状锐尖，边缘除近裂片基部全缘外其余部分均具紧贴的钝尖锯齿，正面绿色，干后橄榄色，背面淡绿色，被淡黄色短柔毛或长柔毛，沿叶脉更密，叶柄密被淡黄色长柔毛。花序圆锥状，花瓣白色，子房密被淡黄色疏柔毛。翅果嫩时紫色，后变淡黄色，翅果张开成钝角或近于水平。花期 4 月下旬，果期 10 月。

分布与生境： 分布于浙江、福建（北部）、安徽（南部）和江西（东部）。生于海拔 500~1200m 的疏林中。

应用价值： 秋色叶树种，适作园林观赏树种。

205 红柴枝

Meliosma oldhamii Maxim.
清风藤科 Sabiaceae　泡花树属 Meliosma

形态特征： 落叶小乔木，高 6~10m。奇数羽状复叶互生，叶纸质，对生或近对生，边缘上半部疏生细小锐锯齿，背面脉间通常有髯毛。圆锥花序顶生或出自枝顶叶腋，花白色，芳香。核果球形，紫红色。花期 6~7 月，果期 9~10 月。

分布与生境： 分布于华东、华中、华南、西南地区及陕西南部。生于海拔 400~900m 的湿润山地杂木林中。

应用价值： 种子油可制润滑油；木材淡黄色，软硬中等，较耐水湿，可作建筑、家具；可作园林观赏树种，片植于公园绿地、草坪林缘等处。

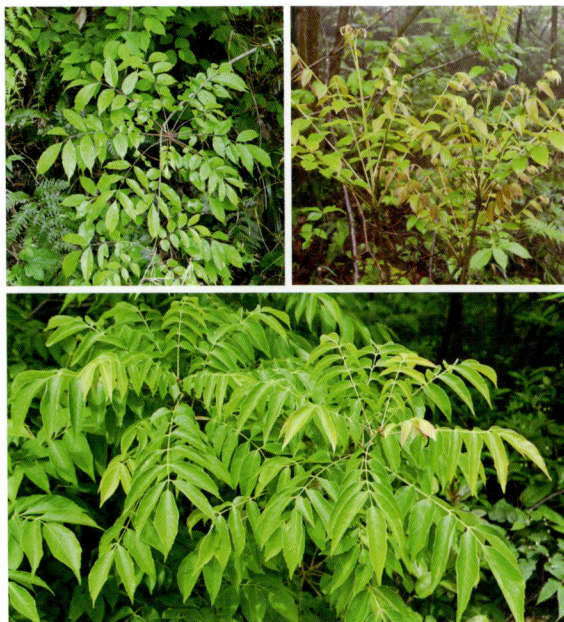

206 短毛椴　**Tilia chingiana** Hu et Cheng
椴树科 Tiliaceae　椴属 Tilia

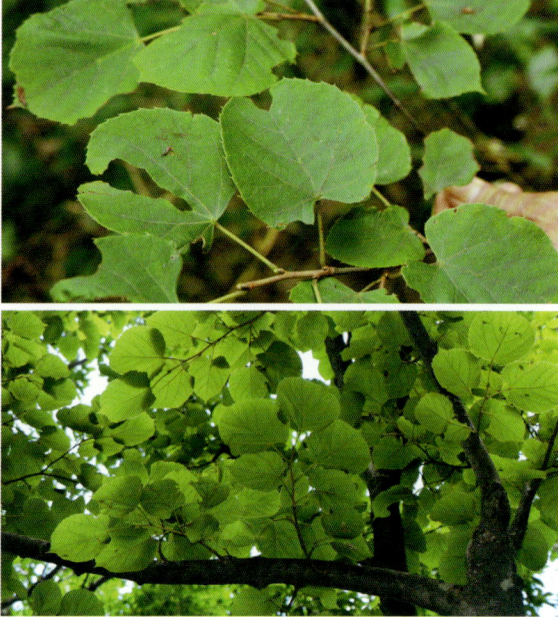

形态特征： 落叶乔木，高 15m。树皮灰色，平滑。叶阔卵形，先端渐尖或锐尖，基部斜截形至心形，正面无毛，干后稍暗晦，背面被点状短星状毛，边缘有锯齿。聚伞花序，有花 4~10 朵，花序柄有星状柔毛，花淡黄绿色。果实球形，被星状柔毛，有小凸起。花期 6~7 月，果期 8~10 月。

分布与生境： 分布于安徽、江苏、浙江及江西。生于海拔 600~1000m 的山坡、沟谷林中。

应用价值： 树皮纤维柔韧，可制人造棉和绳索，亦可造纸；优良蜜源植物；可作公园、庭院景观树。

207 华东椴　**Tilia japonica** (Miq.) Simonk.
椴树科 Tiliaceae　椴属 Tilia

形态特征： 落叶乔木，高达 15m。嫩枝初时有长柔毛，很快变秃净，顶芽卵形。叶革质，圆形或扁圆形，先端急锐尖，基部心形，对称或稍偏斜，有时截形，正面无毛，背面除脉腋有毛丛外余皆秃净无毛，侧脉 6~7 对，边缘有尖锐细锯齿。聚伞花序，花柄纤细，苞片狭倒披针形或狭长圆形下半部与花序柄合生。果实卵圆形，有星状柔毛，无棱突。花期 5~6 月，果期 7~10 月

分布与生境： 分布于山东、安徽、江苏、浙江。生于山顶杂木林中。

应用价值： 适作园林观赏植物。

208 粉椴

Tilia oliveri Szyszyl.
椴树科 Tiliaceae　椴树属 Tilia

形态特征： 乔木，高8m。树皮灰白色，嫩枝通常无毛，顶芽秃净。叶卵形或阔卵形，先端急锐尖，基部斜心形或截形，正面无毛，背面被白色星状茸毛，侧脉7~8对，边缘密生细锯齿。聚伞花序有花6~15朵，花序柄有灰白色星状茸毛。果实椭圆形，被毛。花期7~8月，果期9~10月。

分布与生境： 分布于甘肃、陕西、四川、湖北、湖南、江西、浙江。生于海拔600~2200m的山坡、山谷林中。

应用价值： 药用植物，用于治疗跌打损伤。

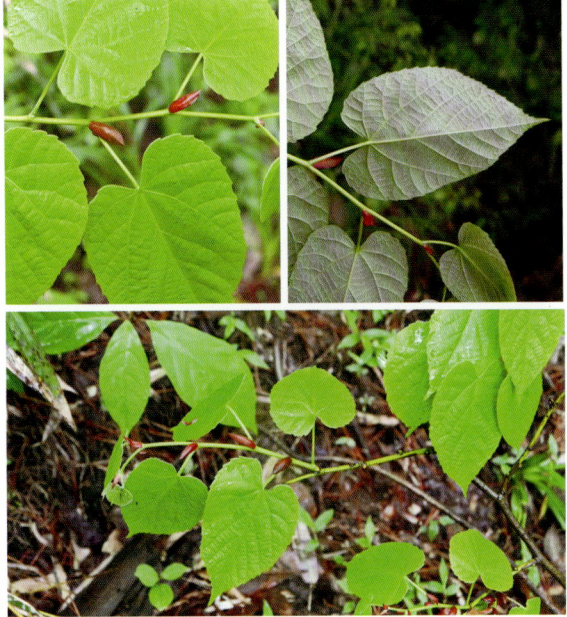

209 异色猕猴桃

Actinidia callosa var. **discolor** C. F. Liang
猕猴桃科 Actinidiaceae　猕猴桃属 Actinidia

形态特征： 落叶木质藤本。小枝坚硬，干后灰黄色，洁净无毛。髓实心，淡褐色。叶坚纸质，干后腹面褐黑色，背面灰黄色，叶椭圆形、矩状椭圆形至倒卵形，顶端急尖，基部阔楔形或钝形，边缘有粗钝或波状的锯齿，两面洁净无毛，叶脉发达。聚伞花序具1~3枚花，花梗纤细，花白色。果较小，卵珠形或近球形，有斑点。花期5~6月，果期10~11月。

分布与生境： 分布于长江以南各地。生于海拔300~600m的沟谷、山坡乔木林、灌丛林中或林缘等各种环境。

应用价值： 果和根药用，具抗癌之效；果实可鲜食；适应性强，可作猕猴桃育种材料。

210 毛花连蕊茶 **Camellia fraterna** Hance
山茶科 Theaceae 山茶属 Camellia

形态特征： 常绿灌木，高 1~5m，小枝及芽密生柔毛或长丝毛。叶革质，互生，叶片椭圆形，先端渐尖而有钝尖头，基部楔形，边缘有细锯齿。花单生枝顶，花冠白色，花蕾紫红色，花有芳香。蒴果球形，果壳薄革质。花期 2~3 月，果期 10~11 月。

分布与生境： 分布于江苏、浙江、安徽、江西和福建。生于海拔 50~960m 的山坡、林缘、沟谷中。

应用价值： 花香而繁多，可作花篱、花灌木之用。

211 紫茎 **Stewartia sinensis** Rehder et E. H. Wilson
山茶科 Theaceae 紫茎属 Stewartia

形态特征： 落叶小乔木，高 4~10m。树皮灰黄色，嫩枝无毛或有疏毛。叶纸质，椭圆形或卵状椭圆形，先端渐尖，基部楔形，边缘有粗齿，侧脉 7~10 对，背面叶腋常有簇生毛丛。花单生，白色。蒴果卵圆形，先端尖。花期 5~6 月，果期 9~10 月。

分布与生境： 分布于四川（东部）和安徽、浙江、江西、湖北。生于海拔 850~1450m 的山坡林缘或溪谷边。

应用价值： 花色洁白，秋叶红黄，具有观赏性。

212 柞木 Xylosma congesta (Lour.) Merr.

大风子科 Flacourtiaceae　柞木属 Xylosma

形态特征： 常绿大灌木或小乔木，高4~15m。树皮棕灰色，裂片不规则从下面向上反卷呈小片。叶薄革质，卵形、长圆状卵形至菱状披针形，先端渐尖，基部楔形或圆形，边缘有锯齿，正面深绿色，光亮。花小，总状花序腋生。浆果黑色，球形。花期春季，果期冬季。

分布与生境： 分布于秦岭以南和长江以南各地区。生于海拔800m以下的林边、丘陵和平原或村边附近灌丛中。

应用价值： 材质坚实，纹理细密，材色棕红，供家具、农具等用；叶、刺供药用；种子含油，供工业用油；树形优美，供庭院美化和观赏；又为蜜源植物。

213 倒卵叶瑞香 Daphne grueningiana H. Winkl.

瑞香科 Thymelaeaceae　瑞香属 Daphne

形态特征： 常绿小灌木，高0.5~1m。枝二歧状散生或近轮生，稍粗壮。叶互生，常簇生于枝顶近对生状，亚革质，倒卵状披针形或倒卵状椭圆形，长6~11cm，宽2.5~3.2cm，先端圆钝或微凹，基部渐狭楔形，边缘全缘，微反卷，中脉在正面微凹下或扁平，背面隆起；无叶柄。花淡紫色。果实幼时卵形。花期3~4月，果期6~7月。

分布与生境： 分布于浙江、安徽。生于海拔300~400m的沟边或竹林边。

应用价值： 药用植物，清热解毒。

214 蔓胡颓子

Elaeagnus glabra Thunb.
胡颓子科 Elaeagnaceae　胡颓子属 Elaeagnus

形态特征： 常绿蔓生或攀缘灌木，高达 5m。无刺，幼枝密被锈色鳞片。叶革质或薄革质，卵形或卵状椭圆形，顶端渐尖或长渐尖、基部圆形，边缘全缘，微反卷，正面幼时具褐色鳞片，成熟后脱落，背面被褐色鳞片，侧脉 6~8 对，与中脉开展成 50°~ 60° 的角，叶柄棕褐色。花淡白色，下垂，密被银白色和散生少数褐色鳞片，常 3~7 花密生于叶腋短小枝上成伞形总状花序，花梗锈色。果实矩圆形，稍有汁，被锈色鳞片，成熟时红色。花期 9~11 月，果期翌年 4~5 月。

分布与生境： 分布于江苏、浙江、福建、台湾、安徽、江西、湖北、湖南、四川、贵州、广东、广西。常生于海拔 1000m 以下的向阳林中或林缘。

应用价值： 果可食或酿酒；叶有收敛止泻、平喘止咳之效，根行气止痛，治风湿骨痛、跌打肿痛、肝炎、胃病；茎皮可代麻，造纸、制人造纤维板。

215 木半夏

Elaeagnus multiflora Thunb.
胡颓子科 Elaeagnaceae　胡颓子属 Elaeagnus

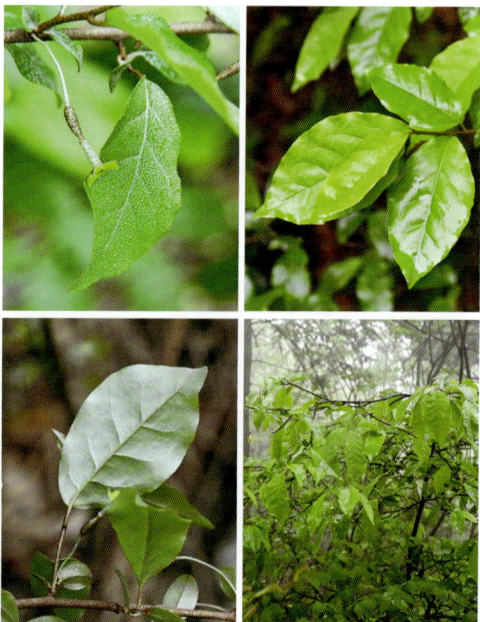

形态特征： 落叶直立灌木，高 2~3m。通常无刺，幼枝细弱伸长，密被锈色或深褐色鳞片。叶膜质或纸质，椭圆形或卵形至倒卵状阔椭圆形，顶端钝尖或骤渐尖，基部钝形，全缘，正面幼时具白色鳞片或鳞毛，成熟后脱落，背面灰白色，密被银白色和散生少数褐色鳞片，侧脉 5~7 对，两面均不甚明显；叶柄锈色。花白色，单生于新枝基部叶腋。果实椭圆形，密被锈色鳞片，成熟时红色。花期 5 月，果期 6~7 月。

分布与生境： 分布于华东、华中、西南地区及山东、河南。生于空旷地和山坡疏林中。

应用价值： 果实、根、叶药用，可治跌打损伤、痢疾、哮喘；果可鲜食或作果酱。

216 蓝果树 Nyssa sinensis Oliv.
蓝果树科 Nyssaceae 蓝果树属 Nyssa

形态特征：落叶乔木，高达 20m。树皮淡褐色或深灰色，粗糙，常裂成薄片脱落；小枝圆柱形，皮孔显著。叶纸质或薄革质，互生，椭圆形或长椭圆形，顶端短急锐尖，基部近圆形，边缘略呈浅波状，背面有很稀疏的微柔毛。花序伞形或短总状，雌雄异株。核果矩圆状椭圆形或长倒卵圆形，成熟时蓝黑色。花期 4~5 月，果期 7~10 月。

分布与生境：分布于华东、华中、华南及西南地区。生于海拔 300~1700m 的山谷或溪边潮湿混交林中。

应用价值：木材坚硬，供枕木、建筑及家具用；果可食用。

217 树参 Dendropanax dentiger (Harms) Merr.
五加科 Araliaceae 树参属 Dendropanax

形态特征：常绿小乔木，全体无毛。叶互生，二型，不分裂或掌状分裂；不裂之叶片椭圆形、卵状椭圆形至椭圆状披针形，先端渐尖，基部圆至楔形；分裂之叶倒三角形，掌状 3~7 深裂、浅裂或一侧单裂，裂片全缘或疏生锯齿；基出 3 脉明显，网脉两面均隆起。伞形花序单个顶生或数个组成复伞形花序；花淡绿色。果长圆形，熟时紫黑色。花期 7~8 月，果期 9~10 月。

分布与生境：分布于华东、华中、华南、西南地区。生于沟谷溪边石隙旁或山坡林中、林缘。

应用价值：根、枝、叶药用；嫩茎叶可作蔬菜；枝叶奇特，适作园林观赏植物。

218 乌饭树 **Vaccinium bracteatum** Thunb.
杜鹃花科 Ericaceae　越桔属 Vaccinium

形态特征：常绿灌木，高达 4m。腋芽先端圆钝，芽鳞相互紧贴。叶互生，革质，椭圆形、长椭圆形或卵状椭圆形，长 3.5~6cm，宽 1.5~3.5cm，先端急尖，基部宽楔形，叶缘有细锯齿，背面中脉有等距小刺突。总状花序腋生，每花具一小型叶状苞片，通常宿存；花白色，圆筒状壶形，下垂，常排成一列。浆果球形或稍扁，直径 5~6mm，熟时紫黑色，味甜可食。花期 4~6 月，果期 10~11 月。

分布与生境：分布于长江流域及其以南各地区。常生于山坡灌丛中或阔叶林下。

应用价值：嫩叶可制"乌米饭"，也可作蔬菜食用；果可鲜食。

219 江南越桔 **Vaccinium mandarinorum** Diels
杜鹃花科 Ericaceae　越桔属 Vaccinium

形态特征：常绿灌木或小乔木，高 1~5m。单叶互生，叶片厚革质，卵形或长圆状披针形，顶端渐尖，基部楔形至钝圆，边缘有细锯齿，两面无毛，中脉和侧脉纤细，在两面稍凸起。总状花序腋生和生于枝顶叶腋，有多数花，花序轴无毛或被短柔毛，花冠白色，有时带淡红色，微香。浆果，熟时紫黑色。花期 4~6 月，果期 6~10 月。

分布与生境：分布于长江流域及以南地区。生于海拔 1400m 以下的山坡灌丛中或疏林下。

应用价值：浆果可鲜食；果、叶入药，具健脾益肾、明目乌发之效。

220 大罗伞树 **Ardisia hanceana** Mez
紫金牛科 Myrsinaceae 紫金牛属 Ardisia

形态特征： 灌木，高 0.8~1.5m。茎通常粗壮，无毛。叶片坚纸质或略厚，椭圆状或长圆状披针形，顶端长急尖或渐尖，基部楔形，近全缘或具边缘反卷的疏突尖锯齿，叶缘齿尖具腺点，背面近边缘通常具隆起的疏腺点，侧脉 12~18 对，隆起，近边缘连成边缘脉，边缘通常明显反卷。复伞房状伞形花序，无毛，着生于顶端下弯的侧生特殊花枝尾端，花瓣白色或带紫色。果球形，深红色。花期 5~6 月，果期 11~12 月。

分布与生境： 分布于浙江、安徽、江西、福建、湖南、广东、广西，生于海拔 430~1500m 的山谷、山坡林下，阴湿的地方。

应用价值： 药用植物，化瘀活血。

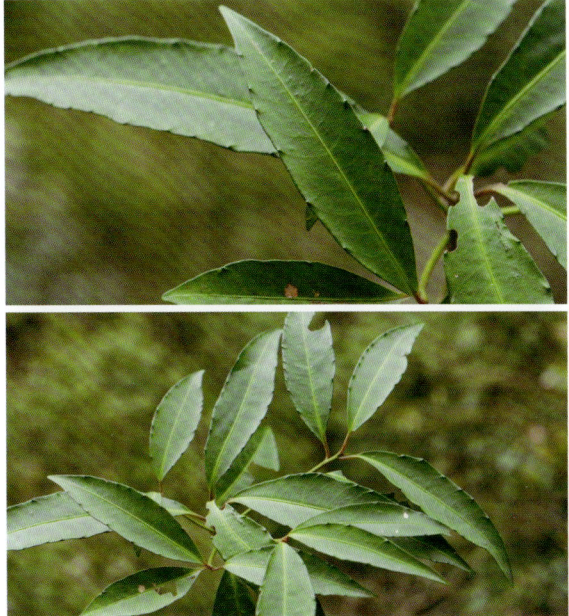

221 蜡子树 **Ligustrum leucanthum** (S. Moore) Green
木犀科 Oleaceae 女贞属 Ligustrum

形态特征： 落叶灌木或小乔木，高 1.5m。树皮灰褐色，小枝通常呈水平开展，被硬毛、柔毛、短柔毛至无毛。叶片纸质或厚纸质，椭圆形、椭圆状长圆形至披针形，先端锐尖、短渐尖而具微凸头，或钝，基部楔形、宽楔形至近圆形，侧脉 4~9 对，在背面略凸起，近叶缘处不明显网结。圆锥花序着生于小枝顶端，花萼被微柔毛或无毛，花冠裂片短于花冠筒。果近球形至宽长圆形，呈蓝黑色。花期 6~7 月，果期 8~11 月。

分布与生境： 分布于华东、华中地区及陕西、甘肃。生于山坡林下、路边和山谷丛林中以及荒地、溪沟边或林边。

应用价值： 药用植物；种子可制肥皂、润滑油；秋叶红艳，适作园林观赏植物。

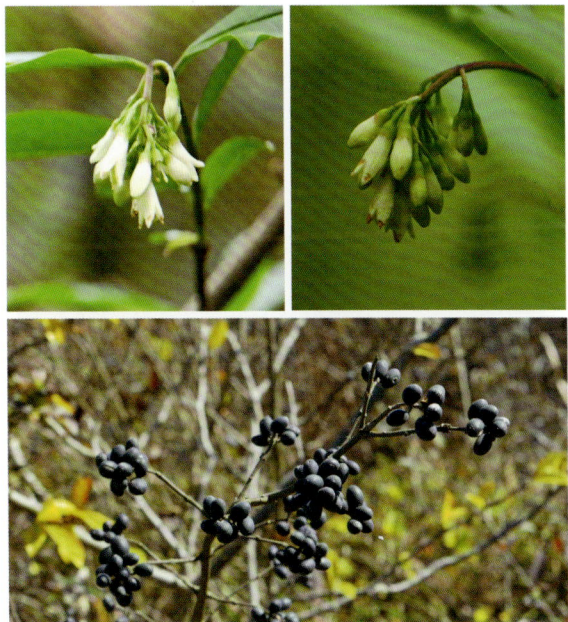

222 络石 Trachelospermum jasminoides (Lindl.) Lem.
夹竹桃科 Apocynaceae　络石属 Trachelospermum

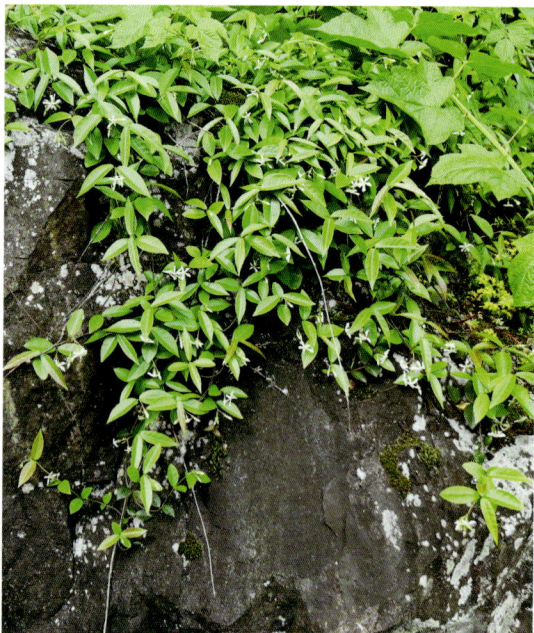

形态特征： 常绿木质藤本，长达 10m。具气根和白色乳汁，茎赤褐色，有皮孔。叶革质，椭圆形至卵状椭圆形或宽倒卵形，顶端锐尖至渐尖或钝，基部渐狭至钝，全缘，叶正面无毛，背面被疏短柔毛，老渐无毛。二歧聚伞花序腋生或顶生，花多朵组成圆锥状，花白色，芳香。蓇葖双生，叉开，线状披针形。花期 3~7 月，果期 7~12 月。

分布与生境： 分布较广，除东北地区及新疆、青海外其余各地区均有分布。生于山野、溪边、路旁、林缘或杂木林中，常缠绕于树上或攀缘于墙壁上、岩石上。

应用价值： 根、茎、叶、果实供药用，有祛风活络、利关节、止血、止痛消肿、清热解毒之效。乳汁有毒，对心脏有毒害作用；茎皮纤维拉力强，可制绳索、造纸及人造棉。

223 厚壳树

Ehretia acuminata R. Br
紫草科 Boraginaceae　厚壳树属 Ehretia

形态特征： 落叶乔木，高达 15m。具条裂的黑灰色树皮，枝淡褐色，平滑，小枝褐色，无毛，有明显的皮孔。单叶互生，叶纸质，椭圆形、倒卵形或长圆状倒卵形，先端尖，基部宽楔形，边缘有整齐的锯齿，齿端向上而内弯，无毛或被稀疏柔毛。聚伞花序圆锥状，花多数，芳香，花冠钟状，白色。核果黄色或橘黄色，核具皱褶。花期 5~6 月，果期 7~9 月。

分布与生境： 分布于华东、华中、华南、西南地区。生于海拔 100~1700m 丘陵、平原疏林、山坡灌丛及山谷密林，为适应性较强的树种。

应用价值： 可作行道树，供观赏；木材供建筑及家具用；树皮作染料；嫩芽可供食用；叶、心材、树枝入药，可清热暑、去腐生肌，主治感冒及偏头痛。

224 吊石苣苔

Lysionotus pauciflorus Maxim.
苦苣苔科 Gesneriaceae 吊石苣苔属 Lysionotus

形态特征： 常绿小灌木。茎长 7~30cm，无毛或上部疏被短毛。叶 3 枚轮生，有时对生，具短柄或近无柄，叶片革质，形状变化大，线形至倒卵状长圆形，顶端急尖或钝，基部宽楔形，边缘在中部以上有疏齿，两面无毛，中脉在叶正面下陷。聚伞花序顶生，花冠白色带淡紫色条纹或淡紫色。蒴果线形，无毛。花期 7~10 月，果期 9~11 月。

分布与生境： 分布于华东、华中、华南、西南地区及陕西。生于海拔 300~2000m 丘陵、山地林中或阴处石崖上、树上。

应用价值： 全草可供药用，治跌打损伤等症；花朵美观，适作阴湿岩面美化。

附录：诸暨东白山省级自然保护区木本植物名录

1 裸子植物

科名 （中文名及学名）	物种 （中文名）	物种 （学名）
苏铁科 Cycadaceae	苏铁	**Cycas revoluta** Thunb.
银杏科 Ginkgoaceae	银杏	**Ginkgo biloba** L.
松科 Pinaceae	鱼鳞云杉	**Picea jezoensis** (Siebold et Zucc.) Carrière
	湿地松	**Pinus elliottii** Engelm.
	马尾松	**Pinus massoniana** Lamb.
	黄山松	**Pinus taiwanensis** Hayata
	金钱松	**Pseudolarix amabilis** (Nels.) Rehder
杉科 Taxodiaceae	日本柳杉	**Cryptomeria japonica** (L. f.) D. Don
	柳杉	**Cryptomeria japonica** var. **sinensis** Miq.
	杉木	**Cunninghamia lanceolata** (Lamb.) Hook.
	水杉	**Metasequoia glyptostroboides** Hu et Cheng
	池杉	**Taxodium ascendens** Brongn.
	落羽杉	**Taxodium distichum** (L.) Rich.
柏科 Cupressaceae	日本扁柏	**Chamaecyparis obtusa** (Siebold et Zucc.) Endl.
	日本花柏	**Chamaecyparis pisifera** (Siebold et Zucc.) Endl.
	柏木	**Cupressus funebris** Endl.
	刺柏	**Juniperus formosana** Hayata
	侧柏	**Platycladus orientalis** (L.) Franco
	金枝千头柏	**Platycladus orientalis** (L.) Franco 'Aurea'
	圆柏	**Sabina chinensis** (L.) Antoine
	龙柏	**Sabina chinensis** (L.) Antoine 'Kaizuca'
	北美圆柏	**Sabina virginiana** (L.) Antoine
罗汉松科 Podocarpaceae	罗汉松	**Podocarpus macrophyllus** (Thunb.) Sweet
	短叶罗汉松	**Podocarpus macrophyllus** var. **maki** (Siebold) Endl.
三尖杉科 Cephalotaxaceae	三尖杉	**Cephalotaxus fortunei** Hook. f.
	粗榧	**Cephalotaxus sinensis** (Rehder et E.H. Wilson) Li
红豆杉科 Taxaceae	南方红豆杉	**Taxus chinensis** var. **mairei** (Lemee et Levl.) Cheng et L. K Fu
	榧树	**Torreya grandis** Fort. ex Lindl.
	香榧	**Torreya grandis** Fort. ex Lindl 'Merrilii'
	长叶榧	**Torreya jackii** Chun

2 被子植物

科名 （中文名及学名）	物种 （中文名）	物种 （学名）
杨柳科 Salicaceae	响叶杨	**Populus adenopoda** Maxim.
	加杨	**Populus canadensis** Moen.
	垂柳	**Salix babylonica** L.
	银叶柳	**Salix chienii** Cheng
	旱柳	**Salix matsudana** Koidz.
	南川柳	**Salix rosthornii** Seem.
杨梅科 Myricaceae	杨梅	**Myrica rubra** (Lour.) Siebold et Zucc.
胡桃科 Juglandaceae	山核桃	**Carya cathayensis** Sarg.
	青钱柳	**Cyclocarya paliurus** (Batal.) Iljinsk.
	胡桃	**Juglans regia** L.
	化香树	**Platycarya strobilacea** Siebold et Zucc.
	枫杨	**Pterocarya stenoptera** C. DC.
桦木科 Betulaceae	河桦	**Betula nigra** L.
	短尾鹅耳枥	**Carpinus londoniana** H. Winkl.
	雷公鹅耳枥	**Carpinus viminea** Wall.
	短柄榛	**Corylus heterophylla** var. **brevipes** (W. J. Liang) K. Ye et M.B. Deng
	川榛	**Corylus heterophylla** var. **sutchuenensis** Franch.
壳斗科 Fagaceae	锥栗	**Castanea henryi** (Skan) Rehder et E. H. Wilson
	板栗	**Castanea mollissima** Blume
	茅栗	**Castanea seguinii** Dode
	甜槠	**Castanea eyrei** (Champ. ex Benth.) Tutch.
	苦槠	**Castanea sclerophylla** (Lindl. et Paxton) Schott.
	青冈	**Cyclobalanopsis glauca** (Thunb.) Oerst.
	小叶青冈	**Cyclobalanopsis gracilis** (Rehder et E. H. Wilson) Cheng et T. Hong
	褐叶青冈	**Cyclobalanopsis stewardiana** (A. Camus) Y.C. Hsu et H. W. Len
	细叶青冈	**Cyclobalanopsis myrsinifolia** (Blume) Oerst.
	亮叶水青冈	**Fagus lucida** Rehder et E.H. Wilson
	短尾石栎	**Lithocarpus brevicaudatus** (Skan) Hayata
	石栎	**Lithocarpus glaber** (Thunb.) Nakai
	麻栎	**Quercus acutissima** Carrière
	小叶栎	**Quercus chenii** Nakai
	白栎	**Quercus fabri** Hance
	短柄枹	**Quercus serrata** var. **brevipetiolata** (A. DC.) Nakai

（续）

科名 （中文名及学名）	物种 （中文名）	物种 （学名）
壳斗科 Fagaceae	娜塔栎	**Quercus texana** Buckley
	弗吉尼亚栎	**Quercus virginiana** Mill.
榆科 Ulmaceae	糙叶树	**Aphananthe aspera** (Thunb.) Planch.
	紫弹树	**Celtis biondii** Pamp.
	黑弹树	**Celtis bungeana** Blume
	珊瑚朴	**Celtis julianae** Schneid.
	朴树	**Celtis sinensis** Pers.
	山油麻	**Trema cannabina** var. **dielsiana** (Hand.-Mazz.) C. J. Chen
	杭州榆	**Ulmus changii** Cheng
	榔榆	**Ulmus parvifolia** Jacq.
	白榆	**Ulmus pumila** L.
	榉树	**Zelkova schneideriana** Hand.-Mazz.
桑科 Moraceae	藤葡蟠	**Broussonetia kaempferi** var. **australis** Suzuki
	小构树	**Broussonetia kazinoki** Siebold et Zucc.
	构树	**Broussonetia papyrifera** (L.) L' Hér. ex Vent.
	无花果	**Ficus carica** L.
	爬藤榕	**Ficus impressa** Champ. ex Benth.
	薜荔	**Ficus pumila** L.
	珍珠莲	**Ficus sarmentosa** var. **henryi** (King ex Oliv.) Corner
	白背爬藤榕	**Ficus sarmentosa** var. **nipponica** (Franch. et Sav.) Corner
	葨芝	**Maclura cochinchinensis** (Lour.) Corner
	柘	**Maclura tricuspidata** Carrière
	桑	**Morus alba** L.
	鸡桑	**Morus australis** Poir.
	华桑	**Morus cathayana** Hemsl.
荨麻科 Urticaceae	苎麻	**Boehmeria nivea** (L.) Gaudich.
	紫麻	**Oreocnide frutescens** (Thunb.) Miq.
紫茉莉科 Nyctaginaceae	光叶子花	**Bougainvillea glabra** Choisy
毛茛科 Ranunculaceae	女萎	**Clematis apiifolia** DC.
	钝齿铁线莲	**Clematis apiifolia** var. **argentilucida** (H. Lév. et Vaniot) W. T. Wang
	粗齿铁线莲	**Clematis grandidentata** (Rehder et E. H. Wilson) W.T.Wang
	牯牛铁线莲	**Clematis guniuensis** W. Y. Ni, R. B. Wang et S. B. Zhong
	山木通	**Clematis finetiana** Lév. et Vaniot
	单叶铁线莲	**Clematis henryi** Oliv.
	扬子铁线莲	**Clematis puberula** var. **ganpiniana** (H. Lév. et Vaniot) W. T. Wang
	圆锥铁线莲	**Clematis terniflora** DC.
	柱果铁线莲	**Clematis uncinata** Champ.
	牡丹	**Paeonia suffruticosa** Andr.

（续）

科名 （中文名及学名）	物种 （中文名）	物种 （学名）
木通科 Lardizabalaceae	木通	**Akebia quinata** (Thunb. ex Houtt.) Decne.
	三叶木通	**Akebia trifoliata** (Thunb.) Koidz.
	白木通	**Akebia trifoliata** var. **australis** (Diels) Rehder
	鹰爪枫	**Holboellia coriacea** Diels
	大血藤	**Sargentodoxa cuneata** (Oliv.) Rehder et E.H. Wilson
	短药野木瓜	**Stauntonia leucantha** Diels ex Y.C. Wu
	尾叶挪藤	**Stauntonia obovatifoliola** subsp. **urophylla** (Hand.-Mazz.) H. N. Qin
小檗科 Berberidaceae	天台小檗	**Berberis lempergiana** Ahrendt
	南天竹	**Nandina domestica** Thunb.
防己科 Menispermaceae	木防己	**Cocculus orbiculatus** (L.) DC.
	秤钩风	**Piploclisia affinis** (Oliv.) Diets
	汉防己	**Sinomenium acutum** (Thunb.) Rehder et E. H. Wilson
木兰科 Magnoliaceae	披针叶茴香	**Illicium lanceolatum** A. C. Smith
	南五味子	**Kadsura japonica** (L.) Dunal
	鹅掌楸	**Liriodendron chinense** (Hemsl.) Sarg.
	杂交鹅掌楸	**Liriodendron sino-americanum** P. C. Yieh ex C. B. Shang et Z. R. Wang
	玉兰	**Magnolia denudata** Desr.
	荷花玉兰	**Magnolia grandiflora** L.
	二乔木兰	**Magnolia soulangeana** Soul. -Bod.
	木莲	**Manglietia fordiana** Oliv.
	红花木莲	**Manglietia insignis** (Wall.) Blume
	白兰花	**Manglietia alba** DC.
	乐昌含笑	**Manglietia chapensis** Dandy
	含笑	**Manglietia figo** (Lour.) Spreng.
	深山含笑	**Manglietia maudiae** Dunn
	野含笑	**Manglietia skinneriana** Dunn
	东亚五味子	**Schisandra elongata** (Blume) Baill.
蜡梅科 Calycanthaceae	蜡梅	**Chimonanthus praecox** (L.) Link
樟科 Lauraceae	香樟	**Cinnamomum camphora** (L.) Presl
	浙江樟	**Cinnamomum chekiangense** Nakai
	细叶香桂	**Cinnamomum subavenium** Miq.
	乌药	**Lindera aggregata** (Sims) Kosterm.
	红果山胡椒	**Lindera erythrocarpa** Makino
	山胡椒	**Lindera glauca** (Siebold et Zucc.) Blume
	黑壳楠	**Lindera megaphylla** Hemsl.
	绿叶甘檀	**Lindera neesiana** (Nees) H. Kurz

（续）

科名 （中文名及学名）	物种 （中文名）	物种 （学名）
	大果山胡椒	**Lindera praecox** (Siebold et Zucc.) Blume
	山橿	**Lindera reflexa** Hemsl.
	红脉钓樟	**Lindera rubronervia** Gamble
	豹皮樟	**Lindera coreana** var. **sinensis** (Allen) Yen C. Yang et P. H. Huang
	山鸡椒	**Lindera cubeba** (Lour.) Pers.
樟科 Lauraceae	薄叶润楠	**Machilus leptophylla** Hand.-Mazz.
	红楠	**Machilus thunbergii** Siebold et Zucc.
	浙江新木姜子	**Neolitsea aurata** var. **chekiangensis** (Nakai) Yen C. Yang et P. H. Huang
	浙江楠	**Phoebe chekiangensis** C. B. Shang
	紫楠	**Phoebe sheareri** (Hemsl.) Gamble
	檫木	**Sassafras tzumu** (Hemsl.) Hemsl.
	天台溲疏	**Deutzia faberi** Rehder
	宁波溲疏	**Deutzia ningpoensis** Rehder
	中国绣球	**Hydrangea chinensis** Maxim.
	江西绣球	**Hydrangea jiangxiensis** W. T. Wang et Nie
	绣球	**Hydrangea macrophylla** (Thunb.) Ser.
虎耳草科 Saxifragaceae	圆锥绣球	**Hydrangea paniculata** Sieb.
	腊莲绣球	**Hydrangea robusta** Hook. f. et Thoms.
	浙皖绣球	**Hydrangea zhewanensis** Hsu et X. P. Zhang
	浙江山梅花	**Philadelphus zhejiangensis** S. M. Hwang
	冠盖藤	**Pileostegia viburnoides** Hook. f. et Thoms.
	钻地风	**Schizophragma integrifolium** Oliv.
	柔毛钻地风	**Schizophragma molle** (Rehd.) Chun
海桐花科 Pittosporaceae	海金子	**Pittosporum illicioides** Makino
	海桐	**Pittosporum tobira** (Thunb.) Ait.
	蜡瓣花	**Corylopsis sinensis** Hemsl.
	灰白蜡瓣花	**Corylopsis glandulifera** var. **hypoglauca** (Cheng) Hung T. Chang
	牛鼻栓	**Fortunearia sinensis** Rehder et E. H. Wilson
	金缕梅	**Hamamelis mollis** Oliv.
金缕梅科 Hamamelidaceae	缺萼枫香树	**Liquidambar acalycina** Hung T. Chang
	枫香树	**Liquidambar formosana** Hance
	北美枫香树	**Liquidambar styraciflua** L.
	檵木	**Loropetalum chinense** (R. Brown) Oliv.
	红花檵木	**Loropetalum chinense** var. **rubrum** Yieh

（续）

科名 （中文名及学名）	物种 （中文名）	物种 （学名）
杜仲科 Eucommiaceae	杜仲	**Eucommia ulmoides** Oliv.
	二球悬铃木	**Platanus × acerifolia** (Aiton) Willd.
	一球悬铃木	**Platanus occidentalis** L.
蔷薇科 Rosaceae	桃	**Amygdalus persica** L.
	油桃	**Amygdalus persica** var. **aganonucipersica** (Schübler et Martens) Yü et Lu
	紫叶碧桃	**Amygdalus persica** L. 'Atropurpurea'
	寿星桃	**Amygdalus persica** L. 'Densa'
	榆叶梅	**Amygdalus triloba** (Lindl.) Ricker
	梅	**Armeniaca mume** Sieb.
	杏	**Armeniaca vulgaris** Lam.
	迎春樱	**Cerasus discoidea** Yü et Li
	麦李	**Cerasus glandulosa** (Thunb.) Sok.
	沼生矮樱	**Cerasus jingningensis** Z. H. Chen
	日本晚樱	**Cerasus serrulata** var. **lannesiana** (Carrière) T. T. Yu et C. L. Li
	磐安樱	**Cerasus pananensis** (Zi L. Chen, W. J. Chen et X. F. Jin) Y. F. Lu, Zi L. Chen et X. F. Jin
	樱桃	**Cerasus pseudocerasus** (Lindl.) Loud.
	浙闽樱	**Cerasus schneideriana** (Koehne) Yü et Li
	山樱花	**Cerasus serrulata** var. **spontanea** (Maxim.) E. H. Wilson
	毛叶山樱花	**Cerasus serrulata** var. **pubescens** (Makino) T. T. Yu et C. L. Li
	贴梗海棠	**Chaenomeles speciosa** (Sweet) Nakai
	野山楂	**Crataegus cuneata** Siebold et Zucc.
	湖北山楂	**Crataegus hupehensis** Sarg.
	山楂	**Crataegus pinnatifida** Bunge
	枇杷	**Eriobotrya japonica** (Thunb.) Lindl.
	白鹃梅	**Exochorda racemosa** (Lindl.) Rehder
	棣棠花	**Kerria japonica** (L.) DC.
	腺叶桂樱	**Laurocerasus phaeosticta** (Hance) Schneid.
	刺叶桂樱	**Laurocerasus spinulosa** (Siebold et Zucc.) Schneid.
	毛山荆子	**Malus baccata** var. **mandshurica** (Maxim.) Schneid.
	垂丝海棠	**Malus halliana** Koehne
	湖北海棠	**Malus hupehensis** (Pamp.) Rehd.
	西府海棠	**Malus × micromalus** Makino
	华东稠李	**Padus buergeriana** (Miq.) Yü et Ku
	细齿稠李	**Padus obtusata** (Koehne) Yü et Ku
	绢毛稠李	**Padus wilsonii** Schneid.
	中华石楠	**Photinia beauverdiana** Schneid.

（续）

科名 （中文名及学名）	物种 （中文名）	物种 （学名）
	红叶石楠	**Photinia × fraseri** Dress
	光叶石楠	**Photinia glabra** (Thunb.) Maxim.
	垂丝石楠	**Photinia komarovii** (H. Lév. et Vaniot) L. T. Lu et C. L. Li
	小叶石楠	**Photinia parvifolia** (Pritz.) Schneid.
	绒毛石楠	**Photinia schneideriana** Rehd. et Wils.
	石楠	**Photinia serratifolia** (Desf.) Kalkman
	伞花石楠	**Photinia subumbellata** Rehder et E. H. Wilson
	毛叶石楠	**Photinia villosa** (Thunb.) DC.
	红叶李	**Prunus cerasifera** Ehrhart 'Atropurpurea'
	李	**Prunus salicina** Lindl.
	豆梨	**Pyrus calleryana** Dcne.
	柯氏梨	**Pyrus koehnei** C. K. Schneid.
	沙梨	**Pyrus pyrifolia** (Burm. f.) Nakai
	石斑木	**Rhaphiolepis indica** (L.) Lindl.
	硕苞蔷薇	**Rosa bracteata** Wendl.
	月季	**Rosa** cvs.
	小果蔷薇	**Rosa cymosa** Tratt.
蔷薇科 Rosaceae	秀蔷薇	**Rosa henryi** Bouleng.
	金樱子	**Rosa laevigata** Michx.
	野蔷薇	**Rosa multiflora** Thunb.
	粉团蔷薇	**Rosa multiflora** var. **cathayensis** Rehder et E. H. Wilson
	周毛悬钩子	**Rubus amphidasys** Focke
	寒莓	**Rubus buergeri** Miq.
	掌叶覆盆子	**Rubus chingii** Hu
	山莓	**Rubus corchorifolius** L. f.
	插田泡	**Rubus coreanus** Miq.
	光果悬钩子	**Rubus glabricarpus** Cheng
	蓬蘽	**Rubus hirsutus** Thunb.
	无腺白叶莓	**Rubus innominatus** var. **kuntzeanus** (Hemsl.) Bailey
	灰毛泡	**Rubus irenaeus** Focke
	武夷悬钩子	**Rubus jiangxiensis** Z. X. Yu, W. T. Ji et H. Zheng
	高粱泡	**Rubus lambertianus** Ser.
	太平莓	**Rubus pacificus** Hance
	茅莓	**Rubus parvifolius** L.
	红腺悬钩子	**Rubus sumatranus** Miq.
	木莓	**Rubus swinhoei** Hance
	三花莓	**Rubus trianthus** Focke

（续）

科名 （中文名及学名）	物种 （中文名）	物种 （学名）
蔷薇科 Rosaceae	绣球绣线菊	**Spiraea blumei** G. Don
	中华绣线菊	**Spiraea chinensis** Maxim.
	疏毛绣线菊	**Spiraea hirsuta** (Hemsl.) Schneid.
	粉花绣线菊	**Spiraea japonica** L. f.
	无毛粉花绣线菊	**Spiraea japonica** var. **glabra** (Regel) Koidz.
豆科 Leguminosae	合欢	**Albizia julibrissin** Durazz.
	山合欢	**Albizia kalkora** (Roxb.) Prain
	云实	**Caesalpinia decapetala** (Roth) Alston
	菰子梢	**Campylotropis macrocarpa** (Bunge) Rehder
	紫荆	**Cercis chinensis** Bunge
	短毛紫荆	**Cercis chinensis** var. **pubescens** (C. F. Wei) G. Y. Li et Z. H. Chen
	黄山紫荆	**Cercis chingii** Chun
	翅荚香槐	**Cladrastis platycarpa** (Maxim.) Makino
	香槐	**Cladrastis wilsonii** Takeda
	黄檀	**Dalbergia hupeana** Hance
	香港黄檀	**Dalbergia millettii** Benth.
	山皂荚	**Gleditsia japonica** Miq.
	细长柄山蚂蝗	**Hylodesmum leptopus** (A. Gray ex Benth.) H. Ohashi et R. R. Mill
	长柄山蚂蝗	**Hylodesmum podocarpium** (DC.) H. Ohashi et R. R. Mill
	宽卵叶长柄山蚂蝗	**Hylodesmum podocarpium** subsp. **fallax** (Schindl.) H. Ohashi et R. R. Mill
	尖叶长柄山蚂蝗	**Hylodesmum podocarpium** subsp. **oxyphyllum** (DC.) H. Ohashi et R. R. Mill
	马棘	**Indigofera bungeana** Walp.
	庭藤	**Indigofera decora** Lindl.
	华东木蓝	**Indigofera fortunei** Craib
	胡枝子	**Lespedeza bicolor** Turcz.
	绿叶胡枝子	**Lespedeza buergeri** Miq.
	中华胡枝子	**Lespedeza chinensis** G. Don
	截叶铁扫帚	**Lespedeza cuneata** (Dum. Cours.) G. Don
	大叶胡枝子	**Lespedeza davidii** Franch.
	春花胡枝子	**Lespedeza dunnii** Schindl.
	宽叶胡枝子	**Lespedeza maximowiczii** Schneid.
	铁马鞭	**Lespedeza pilosa** (Thunb.) Siebold et Zucc.
	马鞍树	**Maackia hupehensis** Takeda
	香花崖豆藤	**Millettia dielsiana** Harms
	宁油麻藤	**Mucuna lamellata** Wilmot-Dear
	常春油麻藤	**Mucuna sempervirens** Hemsl.
	小槐花	**Ohwia caudata** (Thunb.) H. Ohashi

（续）

科名 （中文名及学名）	物种 （中文名）	物种 （学名）
豆科 Leguminosae	野葛	**Pueraria montana** var. **lobata** (Willd.) Maesen et S. M. Almeida ex Sanjappa et Predeep
	刺槐	**Robinia pseudoacacia** L.
	伞房决明	**Senna corymbosa** (Lam.) H. S. Irwin et Barneby
	槐树	**Sophora japonica** L.
	紫藤	**Wisteria sinensis** (Sims) Sweet
芸香科 Rutaceae	柚	**Citrus maxima** (Burm.) Merr.
	柑橘	**Citrus reticulata** Blanco
	臭辣树	**Euodia fargesii** Dode
	吴茱萸	**Euodia ruticarpa** (A. Juss.) Benth.
	密果吴茱萸	**Euodia ruticarpa** f. **meio-nocarpa** (Hand.-Mazz.) C. C. Huang
	金橘	**Fortunella margarita** (Lour.) Swingle
	枳	**Poncirus trifoliata** (L.) Raf.
	竹叶椒	**Zanthoxylum armatum** DC.
	朵椒	**Zanthoxylum molle** Rehder
苦木科 Simaroubaceae	臭椿	**Ailanthus altissima** Swingle
	苦木	**Picrasma quassioides** (D. Don) Benn.
楝科 Meliaceae	苦楝	**Melia azedarach** L.
	香椿	**Toona sinensis** (A. Juss.) Roem.
大戟科 Euphorbiaceae	一叶萩	**Flueggea suffruticosa** (Pall.) Baill.
	算盘子	**Glochidion puberum** (L.) Hutch.
	湖北算盘子	**Glochidion wilsonii** Hutch.
	白背叶	**Mallotus apeltus** (Lour.) Müll. Arg.
	石岩枫	**Mallotus repandus** var. **scabrifolius** (A. Juss.) Muell. Arg.
	野桐	**Mallotus subjaponicus** (Croizat.) Croizat.
	落萼叶下珠	**Phyllanthus flexuosus** (Siebold et Zucc.) Muell. Arg.
	青灰叶下珠	**Phyllanthus glaucus** Wall. ex Muell. Arg.
	乌桕	**Sapium sebiferum** (L.) Roxb.
	油桐	**Vernicia fordii** (Hemsl.) Airy Shaw
虎皮楠科 Daphniphyllaceae	虎皮楠	**Daphniphyllum oldhami** (Hemsl.) Rosenth.
黄杨科 Buxaceae	匙叶黄杨	**Buxus bodinieri** Hance
	黄杨	**Buxus sinica** (Rehder et E. H. Wilson) Cheng ex M. Cheng
漆树科 Anacardiaceae	毛黄栌	**Cotinus coggygria** var. **pubescens** Engl.
	黄连木	**Pistacia chinensis** Bunge
	盐肤木	**Rhus chinensis** Mill.
	野漆树	**Toxicodendron succedaneum** (L.) Kuntze
	木蜡树	**Toxicodendron sylvestre** (Siebold et Zucc.) Kuntze

（续）

科名 （中文名及学名）	物种 （中文名）	物种 （学名）
冬青科 Aquifoliaceae	冬青	**Ilex chinensis** Sims
	枸骨	**Ilex cornuta** Lindl. et Paxton
	无刺枸骨	**Ilex cornuta** Lindl. et Paxton 'Fortunei'
	龟甲冬青	**Ilex crenata** Thunb. 'Convexa'
	光枝刺叶冬青	**Ilex hylonoma** var. **glabra** S. Y. Hu
	大叶冬青	**Ilex latifolia** Thunb.
	木姜冬青	**Ilex litseifolia** Hu et Tang
	铁冬青	**Ilex rotunda** Thunb.
	香冬青	**Ilex suaveolens** (H. Lév.) Loes.
	尾叶冬青	**Ilex wilsonii** Loes.
卫矛科 Celastraceae	大芽南蛇藤	**Celastrus gemmatus** Loes.
	窄叶南蛇藤	**Celastrus oblanceifolius** C. H. Wang et P. C. Tsoong
	毛脉显柱南蛇藤	**Celastrus stylosus** var. **puberulus** (Hsu) C. Y. Cheng et T. C. Kao
	卫矛	**Euonymus alatus** (Thunb.) Siebold
	肉花卫矛	**Euonymus carnosus** Hemsl.
	扶芳藤	**Euonymus fortunei** (Turcz.) Hand.-Mazz.
	西南卫矛	**Euonymus hamiltonianus** Wall.
	冬青卫矛	**Euonymus japonicus** Thunb.
	金边冬青卫矛	**Euonymus japonicus** Thunb. 'Aureo-marginatus'
	胶东卫矛	**Euonymus kiautschovicus** Loes.
	福建假卫矛	**Microtropis fokienensis** Dunn
	雷公藤	**Tripterygium wilfordii** Hook. f.
省沽油科 Staphyleaceae	野鸦椿	**Euscaphis japonica** (Thunb.) Kanitz
	省沽油	**Staphylea bumalda** (Thunb.) DC.
	膀胱果	**Staphylea holocarpa** Hemsl.
槭树科 Aceraceae	阔叶槭	**Acer amplum** Rehder
	三角枫	**Acer buergerianum** Miq.
	青榨槭	**Acer davidii** Franch.
	建始槭	**Acer henryi** Pax
	橄榄槭	**Acer olivaceum** Fang et P. L. Chiu ex Fang
	鸡爪槭	**Acer palmatum** Thunb.
	小鸡爪槭	**Acer palmatum** var. **thunbergii** Pax
	红枫	**Acer palmatum** Thunb. 'Atropurpureum'
	色木槭	**Acer pictum** subsp. **mono** (Maxim.) H. Ohashi
	毛脉槭	**Acer pubinerve** Rehder
	毛鸡爪槭	**Acer pubipalmatum** Fang
	苦茶槭	**Acer tataricum** subsp. **theiferum** (Fang) Z. H. Chen et P. L. Chiu

（续）

科名 （中文名及学名）	物种 （中文名）	物种 （学名）
无患子科 Sapindaceae	黄山栾树	**Koelreuteria bipinnata** var. **integrifoliola** (Merr.) T. C. Chen
	无患子	**Sapindus saponaria** L.
清风藤科 Sabiaceae	垂枝泡花树	**Meliosma flexuosa** Pamp.
	异色泡花树	**Meliosma myriantha** var. **discolor** Dunn
	红柴枝	**Meliosma oldhamii** Maxim.
	笔罗子	**Meliosma rigida** Siebold et Zucc.
	鄂西清风藤	**Sabia campanulata** subsp. **ritchieae** (Rehder et E. H. Wilson) Y. F. Wu
	清风藤	**Sabia japonica** Maxim.
	尖叶清风藤	**Sabia swinhoei** Hemsl.
鼠李科 Rhamnaceae	多花勾儿茶	**Berchemia floribunda** (Wall.) Brongn.
	牯岭勾儿茶	**Berchemia kulingensis** Schneid.
	枳椇	**Hovenia acerba** Lindl.
	光叶毛果枳椇	**Hovenia trichocarpa** var. **robusta** (Nakai et Y. Kimura) Y. L. Chen et P. K. Chou
	铜钱树	**Paliurus hemsleyanus** Rehder ex Schir. et Olabi
	长叶鼠李	**Rhamnus crenata** Siebold et Zucc.
	圆叶鼠李	**Rhamnus globosa** Bunge
	山鼠李	**Rhamnus wilsonii** Schneid.
	刺藤子	**Sageretia melliana** Hand.-Mazz.
	雀梅藤	**Sageretia thea** (Osbeck) Johnst.
	枣	**Ziziphus jujuba** Mill.
葡萄科 Vitaceae	三裂叶蛇葡萄	**Ampelopsis delavayana** Planch. ex Franch.
	异叶蛇葡萄	**Ampelopsis heterophylla** (Thunb.) Siebold et Zucc.
	牯岭蛇葡萄	**Ampelopsis heterophylla** var. **kulingensis** (Rehder) C. L. Li
	白蔹	**Ampelopsis japonica** (Thunb.) Makino
	蛇葡萄	**Ampelopsis sinica** (Miq.) W. T. Wang
	广东牛果藤 （广东蛇葡萄）	**Nekemias cantoniensis** (Hook. et Arn.) J. Wen et Z. L. Nie
	羽叶牛果藤 （羽叶蛇葡萄）	**Nekemias chaffanjonii** (H. Lév. et Vaniot) J. Wen et Z. L. Nie
	异叶爬山虎	**Parthenocissus dalzielii** Gagnep.
	绿爬山虎	**Parthenocissus aetevirens** Rehder
	五叶地锦	**Parthenocissus quinquefolia** (L.) Planch.
	爬山虎	**Parthenocissus tricuspidata** (Siebold et Zucc.) Planch.
	蘡薁	**Vitis bryoniifolia** Bunge

（续）

科名 （中文名及学名）	物种 （中文名）	物种 （学名）
葡萄科 Vitaceae	刺葡萄	**Vitis davidii** (Roman. du Caill.) Foëx.
	葛藟葡萄	**Vitis flexuosa** Thunb.
	华东葡萄	**Vitis pseudoreticulata** W. T. Wang
	小叶葡萄	**Vitis sinocinerea** W. T. Wang
	葡萄	**Vitis vinifera** L.
	网脉葡萄	**Vitis wilsoniae** Veitch
杜英科 Elaeocarpaceae	秃瓣杜英	**Elaeocarpus** glabripetalus Merr.
椴树科 Tiliaceae	扁担杆	**Grewia biloba** G. Don
	短毛椴	**Tilia chingiana** Hu et Cheng
	华东椴	**Tilia japonica** (Miq.) Simonk.
	粉椴	**Tilia oliveri** Szysz.
锦葵科 Malvaceae	红萼苘麻	**Abutilon megapotamicum** (A. Spreng.) A. St. -Hil. et Naudin
	木芙蓉	**Hibiscus mutabilis** L.
	重瓣木芙蓉	**Hibiscus mutabilis** L. 'Plenus'
	木槿	**Hibiscus syriacus** L.
	白花重瓣木槿	**Hibiscus syriacus** L. 'Albus-plenus'
	牡丹木槿	**Hibiscus syriacus** L. 'Paeoniflorus'
梧桐科 Sterculiaceae	梧桐	**Firmiana simplex** (L.) F. W. Wight
猕猴桃科 Actinidiaceae	软枣猕猴桃	**Actinidia arguta** (Siebold et Zucc.) Planch. ex Miq.
	异色猕猴桃	**Actinidia callosa** var. **discolor** C. F. Liang
	中华猕猴桃	**Actinidia chinensis** Planch.
	美味猕猴桃	**Actinidia chinensis** var. **deliciosa** (A. Chev.) A. Chev.
	毛花猕猴桃	**Actinidia eriantha** Benth.
	小叶猕猴桃	**Actinidia lanceolata** Dunn
	大籽猕猴桃	**Actinidia macrosperma** C. F. Liang
	黑蕊猕猴桃	**Actinidia melanandra** Franch.
	对萼猕猴桃	**Actinidia valvata** Dunn
山茶科 Theaceae	浙江红山茶	**Camellia chekiangoleosa** Hu
	浙江尖连蕊茶	**Camellia cuspidata** var. **chekiangensis** Sealy
	东南山茶	**Camellia editha** Hance
	连蕊茶	**Camellia fraterna** Hance
	红山茶	**Camellia japonica** L.
	油茶	**Camellia oleifera** Abel
	茶梅	**Camellia sasanqua** Thunb.
	茶	**Camellia sinensis** (L.) Kuntze

（续）

科名 （中文名及学名）	物种 （中文名）	物种 （学名）
山茶科 Theaceae	单体红山茶	**Camellia uraku** Kitam.
	Theaceae	**Cleyera japonica** Thunb.
	微毛柃	**Eurya hebeclados** Ling
	隔药柃	**Eurya muricata** Dunn
	窄基红褐柃	**Eurya rubiginosa** var. **attenuata** H. T. Chang
	木荷	**Schima superba** Gardn. et Champ.
	长柱紫茎	**Stewartia rostrata** Spongberg
	紫茎	**Stewartia sinensis** Rehder et E. H. Wilson
	厚皮香	**Ternstroemia gymnanthera** (Wight et Arn.) Bedd.
藤黄科 Guttiferae	金丝桃	**Hypericum monogynum** L.
大风子科 Flacourtiaceae	山桐子	**Idesia polycarpa** Maxim.
	山拐枣	**Poliothyrsis sinensis** Oliv.
	柞木	**Xylosma congesta** (Lour.) Merr.
旌节花科 Stachyuraceae	中国旌节花	**Stachyurus chinensis** Franch.
瑞香科 Thymelaeaceae	倒卵叶瑞香	**Daphne grueningiana** H. Winkl.
	结香	**Edgeworthia chrysantha** Lindl.
	芫花	**Wikstroemia genkwa** (Siebold et Zucc.) Domke
	北江荛花	**Wikstroemia monnula** Hance
胡颓子科 Elaeagnaceae	佘山胡颓子	**Elaeagnus argyi** H. Lév.
	蔓胡颓子	**Elaeagnus glabra** Thunb.
	木半夏	**Elaeagnus multiflora** Thunb.
	胡颓子	**Elaeagnus pungens** Thunb.
千屈菜科 Lythraceae	细叶萼距花	**Cuphea hyssopifolia** Kunth
	紫薇	**Lagerstroemia indica** L.
	银薇	**Lagerstroemia indica** L. f. **alba**
	翠薇	**Lagerstroemia indica** L. f. **rubra**
	福建紫薇	**Lagerstroemia limii** Merr.
	白花福建紫薇	**Lagerstroemia limii** f. **albiflora** G.Y. Li et Z. H. Chen
	南紫薇	**Lagerstroemia subcostata** Koehne
石榴 Punica granatum L.	石榴	**Punica granatum** L.
蓝果树科 Nyssaceae	喜树	**Camptotheca acuminata** Decne.
	水紫树	**Nyssa aquatica** L.
	蓝果树	**Nyssa sinensis** Oliv.
八角枫科 Alangiaceae	八角枫	**Alangium chinense** (Lour.) Harms
	毛八角枫	**Alangium kurzii** Craib
	云山八角枫	**Alangium kurzii** var. **handelii** (Schnarf) Fang

（续）

科名 （中文名及学名）	物种 （中文名）	物种 （学名）
桃金娘科 Myrtaceae	赤楠	**Syzygium buxifolium** Hook. et Arn.
五加科 Araliaceae	棘茎楤木	**Aralia echinocaulis** Hand.-Mazz.
	湖北楤木	**Aralia hupehensis** G. Hoo
	树参	**Dendropanax dentiger** (Harms) Merr.
	匍匐五加	**Eleutherococcus scandens** (G. Hoo) H. Ohashi
	白簕	**Eleutherococcus trifoliatus** (L.) S. Y. Hu
	中华常春藤	**Hedera nepalensis** var. **sinensis** (ToBlume) Rehder
	刺楸	**Kalopanax septemlobus** (Thunb.) Koidz.
山茱萸科 Cornaceae	花叶青木	**Ancuba japonica** Thunb. var. **variegata**
	灯台树	**Bothrocaryum controversum** (Hemsl.) Pojark.
	秀丽四照花	**Dendrobenthamia elegans** Fang et Y. T. Hsieh
	四照花	**Dendrobenthamia japonica** var. **chinensis** (Osborn) Fang
	青荚叶	**Helwingia japonica** (Thunb. ex Murray) F. Dietrich
杜鹃花科 Ericaceae	毛果南烛	**Lyonia ovalifolia** var. **hebecarpa** (Franch. ex Forb. et Hemsl.) Chun
	云锦杜鹃	**Rhododendron fortunei** Lindl.
	满山红	**Rhododendron mariesii** Hemsl. et E. H. Wilson
	白花杜鹃	**Rhododendron mucronatum** (Blume) G. Don
	马银花	**Rhododendron ovatum** (Lindl.) Planch. ex Maxim.
	锦绣杜鹃	**Rhododendron × pulchrum** Sweet
	映山红	**Rhododendron simsii** Planch.
	乌饭树	**Vaccinium bracteatum** Thunb.
	短尾越橘	**Vaccinium carlesii** Dunn
	蓝莓	**Vaccinium** cvs.
	江南越桔	**Vaccinium mandarinorum** Diels
紫金牛科 Myrsinaceae	朱砂根	**Ardisia crenata** Sims
	大罗伞树	**Ardisia hanceana** Mez
	紫金牛	**Ardisia japonica** (Thunb.) Blume
	杜茎山	**Maesa japonica** (Thunb.) Moritzi. ex Zoll.
柿树科 Ebenaceae	浙江柿	**Diospyros glaucifolia** Metc.
	柿	**Diospyros kaki** Thunb.
	野柿	**Diospyros kaki** var. **silvestris** Makino
	华东油柿	**Diospyros oleifera** Cheng
	老鸦柿	**Diospyros rhombifolia** Hemsl.
山矾科 Symplocaceae	薄叶山矾	**Symplocos anomala** Brand
	山矾	**Symplocos caudata** Wall. ex G. Don
	朝鲜白檀	**Symplocos coreana** (H. Lév.) Ohwi

（续）

科名 （中文名及学名）	物种 （中文名）	物种 （学名）
山矾科 Symplocaceae	琉璃白檀	**Symplocos sawafutagi** Nagamasu
	四川山矾	**Symplocos setchuensis** Brand
	老鼠矢	**Symplocos stellaris** Brand
	白檀	**Symplocos tanakana** Nakai
安息香科 Styracaceae	拟赤杨	**Alniphyllum fortunei** (Hemsl.) Makino
	小叶白辛树	**Pterostyrax corymbosus** Siebold et Zucc.
	灰叶安息香	**Styrax calvescens** Perk.
	赛山梅	**Styrax confusus** Hemsl.
	垂珠花	**Styrax dasyanthus** Perk.
	白花龙	**Styrax faberi** Perk.
	芬芳安息香	**Styrax odoratissimus** Champ. ex Benth.
木犀科 Oleaceae	流苏树	**Chionanthus retusus** Lindl. et Paxton
	金钟花	**Forsythia viridissima** Lindl.
	白蜡树	**Fraxinus chinensis** Roxb.
	苦枥木	**Forsythia insularis** Hemsl.
	洋白蜡	**Forsythia pennsylvanica** Marshall
	庐山白蜡树	**Forsythia sieboldiana** Bl.
	清香藤	**Jasminum lanceolarium** Roxb.
	云南黄馨	**Jasminum mesnyi** Hance
	茉莉花	**Jasminum sambac** (L.) Ait.
	落叶女贞	**Ligustrum compactum** var. **latifolium** Cheng
	金森女贞	**Ligustrum japonicum** Thunb. 'Howardi'
	蜡子树	**Ligustrum leucanthum** (S. Moore) Green
	女贞	**Ligustrum lucidum** W. T. Aiton
	小叶女贞	**Ligustrum quihoui** Carrière
	小蜡	**Ligustrum sinense** Lour.
	金叶女贞	**Ligustrum vicaryi** Rehder 'Aurea'
	木犀	**Osmanthus fragrans** Lour.
	银桂	**Osmanthus fragrans** (Thunb.) Lour. 'Albus Group'
	四季桂	**Osmanthus fragrans** (Thunb.) Lour. 'Asiaticus Group'
	丹桂	**Osmanthus fragrans** (Thunb.) Lour. 'Aurantiacus Group'
	金桂	**Osmanthus fragrans** (Thunb.) Lour. 'Luteus Group'
马钱科 Loganiaceae	醉鱼草	**Buddleja lindleyana** Fort.
	蓬莱葛	**Gardneria multiflora** Makino
夹竹桃科 Apocynaceae	夹竹桃	**Nerium oleander** L.
	紫花络石	**Trachelospermum** axillare Hook. f.
	络石	**Trachelospermum jasminoides** (Lindl.) Lem.

（续）

科名 （中文名及学名）	物种 （中文名）	物种 （学名）
萝藦科 Asclepiadaceae	折冠牛皮消	**Cynanchum boudieri** H. Lév. et Vaniot
	贵州娃儿藤	**Tylophora silvestris** Tsiang
紫草科 Boraginaceae	厚壳树	**Ehretia acuminata** R. Br.
马鞭草科 Verbenaceae	紫珠	**Callicarpa bodinieri** H. Lév.
	华紫珠	**Callicarpa cathayana** H. T. Chang
	白棠子树	**Callicarpa dichotoma** (Lour.) K. Koch
	老鸦糊	**Callicarpa giraldii** Hesse ex Rehder
	红紫珠	**Callicarpa rubella** Lindl.
	秃红紫珠	**Callicarpa subglabra** (Pei) L. X. Ye et B.Y. Ding
	兰香草	**Caryopteris incana** (Thunb. ex Houtt.) Miq.
	臭牡丹	**Clerodendrum bungei** Steud.
	大青	**Callicarpa cyrtophyllum** Turcz.
	尖齿臭茉莉	**Callicarpa lindleyi** Decne. ex Planch.
	海州常山	**Callicarpa trichotomum** Thunb.
	豆腐柴	**Premna microphylla** Turcz.
	牡荆	**Vitex negundo** var. **cannabifolia** (Siebold et Zucc.) Hand.-Mazz.
茄科 Solanaceae	枸杞	**Lycium chinense** Mill.
	千年不烂心	**Solanum cathayanum** C. Y. Wu et S. C. Huang
	海桐叶白英	**Solanum pittosporifolium** Hemsl.
	珊瑚樱	**Solanum pseudocapsicum** L.
玄参科 Scrophulariaceae	兰考泡桐	**Paulownia elongata** S. Y. Hu
	白花泡桐	**Paulownia fortunei** (Seem.) Hemsl.
	华东泡桐	**Paulownia kawakamii** T. Ito
紫葳科 Bignoniaceae	凌霄	**Campsis grandiflora** (Thunb.) Schum.
苦苣苔科 Gesneriaceae	吊石苣苔	**Lysionotus pauciflorus** Maxim.
茜草科 Rubiaceae	细叶水团花	**Adina rubella** Hance
	流苏子	**Coptosapelta diffusa** (Champ. ex Benth.) Van Steenis
	短刺虎刺	**Damnacanthus giganteus** (Mak.) Nakai
	香果树	**Emmenopterys henryi** Oliv
	栀子	**Gardenia jasminoides** Ellis
	水栀子	**Gardenia jasminoides** var. **radicans** (Thunb.) Makino
	玉荷花	**Gardenia jasminoides** Ellis 'Fortuneana'
	羊角藤	**Morinda umbellata** subsp. **obovata** Y. Z. Ruan
	长序鸡屎藤	**Paederia cavaleriei** H. Lév.
	鸡屎藤	**Paederia scandens** (Lour.) Merr.

（续）

科名 （中文名及学名）	物种 （中文名）	物种 （学名）
茜草科 Rubiaceae	毛鸡屎藤	**Paederia scandens** var. **tomentosa** (Blume) Hand.-Mazz.
	白马骨	**Serissa serissoides** (DC.) Druce
忍冬科 Caprifoliaceae	南方六道木	**Abelia dielsii** (Graebn.) Rehd.
	浙江七子花	**Heptacodium miconioides** subsp. **jasminoides** (Airy Shaw) Z. H. Chen, X. F. Jin et P. L. Chiu
	郁香忍冬	**Lonicera fragrantissima** Lindl. et Paxton
	苦糖果	**Lonicera fragrantissima** subsp. **standishii** (Carrière) Hsu et H. J. Wang
	倒卵叶忍冬	**Lonicera hemsleyana** (Kuntze) Rehder
	菰腺忍冬	**Lonicera hypoglauca** Miq.
	忍冬	**Lonicera japonica** Thunb.
	下江忍冬	**Lonicera modesta** Rehder
	庐山忍冬	**Lonicera modesta** var. **lushanensis** Rehder
	短柄忍冬	**Lonicera pampaninii** H. Lév.
	接骨木	**Sambucus williamsii** Hance
	珊瑚树	**Viburnum awabuki** K. Koch
	荚蒾	**Viburnum dilatatum** Thunb.
	宜昌荚蒾	**Viburnum erosum** Thunb.
	壮大聚花荚蒾	**Viburnum glomeratum** subsp. **magnificum** (Hsu) Hsu
	黑果荚蒾	**Viburnum melanocarpum** Hsu
	蝴蝶荚蒾	**Viburnum thunbergianum** Z. H. Chen et P. L. Chiu
	粉团荚蒾	**Viburnum thunbergianum** Z. H. Chen et P. L. Chiu 'Plenum'
单子叶植物纲 Monocotyledoneae		
禾本科 Gramineae	孝顺竹	**Bambusa multiplex** (Lour.) **Raeuschel** ex J. A. et J. H. Schult.
	阔叶箬竹	**Indocalamus latifolius** (Keng) McCl.
	箬竹	**Indocalamus tessellatus** (Munro) Keng f.
	胜利箬竹	**Indocalamus victorialis** Keng f.
	金镶玉竹	**Phyllostachys aureosulcata** f. **spectabilis** C. D. Chu et C. S. Chao
	白哺鸡竹	**Phyllostachys dulcis** McClure
	淡竹	**Phyllostachys glauca** McCl.
	水竹	**Phyllostachys heteroclada** Oliv.
	红哺鸡竹	**Phyllostachys iridescens** C. Y. Yao et S.Y. Chen
	篌竹	**Phyllostachys nidularia** Munro
	枪刀竹	**Phyllostachys nidularia** Munro f. **glabrovagina** Wen
	紫竹	**Phyllostachys nigra** (Lodd. ex Lindl.) Munro
	毛金竹	**Phyllostachys nigra** var. **henonis** (Mitf.) Stapf ex Rend.
	石竹	**Phyllostachys nuda** McCl.

（续）

科名 （中文名及学名）	物种 （中文名）	物种 （学名）
禾本科 Gramineae	早竹	**Phyllostachys praecox** C. D. Chu et C. S. Chao
	雷竹	**Phyllostachys praecox** f. **prevernalis** S. Y. Chan et C. Y. Yao
	高节竹	**Phyllostachys prominens** W. Y. Xiong ex C. Phyllostachys Wang et al.
	早园竹	**Phyllostachys propinqua** McCl.
	望江哺鸡竹	**Phyllostachys propinqua** f. **lanuginosa** Wen
	毛竹	**Phyllostachys pubescens** Mazel ex H. de Lehaie
	金竹	**Phyllostachys sulphurea** (Carrière) A. et C. Riv.
	刚竹	**Phyllostachys sulphurea** var. **viridis** R. A. Young
	苦竹	**Pleioblastus amarus** (Keng) Keng f.
	宜兴苦竹	**Phyllostachys yixingensis** S. L. Chen et S. Y. Chen
	华箬竹	**Sasa sinica** Keng
	短穗竹	**Semiarundinaria densiflora** (Rend.) Wen
	鹅毛竹	**Shibataea chinensis** Nakai
棕榈科 Palmae	棕榈	**Trachycarpus fortunei** (Hook.) H. Wendl.
百合科 Liliaceae	肖菝葜	**Heterosmilax japonica** Kunth
	尖叶菝葜	**Smilax arisanensis** Hayata
	菝葜	**Smilax china** L.
	小果菝葜	**Smilax davidiana** A. DC.
	光叶菝葜	**Smilax glabra** Roxb.
	黑果菝葜	**Smilax glaucochina** Warb.
	暗色菝葜	**Smilax lanceifolia** var. **opaca** A. DC.
	缘脉菝葜	**Smilax nervomarginata** Hayata
	华东菝葜	**Smilax sieboldii** Miq.
	凤尾兰	**Yucca gloriosa** L.

参考文献

白洪青，马丹丹 . 2018. 莫干山区乡土树种 [M]. 浙江：浙江大学出版社 .

陈有民 . 2010. 园林树木学 [M].2 版 . 北京：中国林业出版社 .

陈征海，孙孟军 . 2014. 浙江省常见树种彩色图鉴 [M]. 浙江：浙江大学出版社 .

李根有，陈征海，陈高坤，等 . 2017. 浙江野生色叶树 200 种精选图谱 [M]. 北京：科学出版社 .

李根有，陈征海，桂祖云 . 2013. 浙江野果 200 种精选图谱 [M]. 北京：科学出版社 .

李根有，陈征海，杨淑贞 . 2011. 浙江野菜 100 种精选图谱 [M]. 北京：科学出版社 .

李根有，李修鹏，张芬耀，等 . 2017. 宁波珍稀植物 [M]. 北京：科学出版社 .

李根有，陈征海，项茂林 . 2012. 浙江野花 300 种精选图谱 [M]. 北京：科学出版社 .

浙江植物志新编编辑委员会 . 2021. 浙江植物志 [M]. 杭州：浙江科技出版社 .

中国科学院中国植物志编辑委员会 . 2015. 中国植物志 [M]. 北京：科学出版社 .

中文名索引

学名索引